從小，我就享受在大自然裡的一切。

後來才發現，原來有很多人很少接觸到大自然。

書中每一個遊戲都是超有趣的回憶！

我最喜歡夏天去溪邊，

因為會發現很多好玩的東西，還可以野餐！

坐在大王椰子葉上面也很有趣！

想要全家一起到大自然玩耍，

不要每天宅在家、出來散散步動動身體；

想要用大自然的東西手作，留下美好的回憶；

不管是野餐或是遊戲，大自然都歡迎你。

常常接近山林或是小溪，可以學到生命的循環，

不用擔心小孩玩得髒兮兮，這是一件好快樂的事！

如果你想知道這些有趣的小東西跟知識，

就趕快來看這本書吧！

封面中的女孩　梁小蕾

Preface

推薦序

小人小學創辦人
扣扣老師／陳子倢

能用力呼吸、用力玩耍都是幸福的。

但這個用力需要練習、需要接納、需要放手，是一堂大人對孩子的信任挑戰。

信任孩子在自然中能共處、在泥濘的土壤中能找到驚喜、在雙手想看到什麼就摸摸什麼時，身為大人的我們不會在一旁大叫：「很髒別碰喔！」

大自然是孩子最棒的教室，台灣山林森林比例佔全島面積59％，但我們一年踏進山林裡的面積不到1％，真是可惜了。未來Meta時代長大的小孩，在虛擬的世界裡與人與環境的連結更需要非常刻意的練習。

於是只好從身為大人的我們開始，跟著孩子一起玩，一起在森林裡探險吧！

從公園到步道，從郊山到森林，從去山上玩到去山上住（露營）。

允許孩子開啟一場大地冒險，你會看到他收集小石頭、採集落葉、找到小果實、還有地面的藤蔓，這時記得給你的孩子大大的讚美，聽聽他想跟你分享的戰績，還有那些冒險故事。這時別太快拿出濕紙巾，只要打開你的耳朵還有心，以及張開雙手給他擁抱。

這本書，我想會是你的寶典，在帶領孩子玩樂的過程中，相信你也會學到很多，並且收集許多穿梭在山裡、你們家、孩子們滿滿的笑聲及滿足。

Preface

推薦序

還我特色公園行動聯盟副理事長
台灣「遊戲與童年」研究群召集人
眼底城事自然遊戲空間專題客座主編
李玉華

啟傑和宣蓉兩位作者，是曾經用自然遊戲教導及滋養我的孩子的重要角色，人生一開始的五年能有這樣的陪伴，是無比幸運的一件事。像是一本好書有著迷人的故事開端，令人更期待整本書有更多在大自然開心玩耍的精彩一生。

這樣說完，果然他們就出了這本在大自然開心玩耍的精彩一書《邊學邊玩親子自然遊樂園》，身為二個孩子的媽、非慣行教育的教育工作者又是兒童友善城市及自然遊戲空間的倡議者，我覺得很暖心和被支持。

這一本書裡，透過他們的眼，孩子看見大自然為我們人類展現不同季節顏色深淺變換的奧妙，經過他們的帶領，孩子對同處世界上的各種生命充滿好奇和敬意，閱讀他們的文字，我們彷彿也能自己帶著孩子和大自然連結，在各種好玩有趣的小活動裡，找到自己在世界上的位置。

當媽媽之後，因為持續了六年兒少遊戲空間倡議運動和兒童友善環境創造的各種推廣，深感「孩子的教養、照顧老幼的方法、人與人互動，都被整個社會環境、都市政策及各類空間規劃設計給深刻影響」，尤其新冠疫情期間，更是真實反應出孩子與親職照顧者的身心健康和戶外自然環境的強烈依存。

美國伊利諾大學厄巴納－香檳分校心理學系、研究自然資源與環境科學的Ming Kuo助理教授，發表了他研究「自然」與「健康」之間存在著21個潛在的因果關係：在大自然裡散步、綠地遊戲空間、離公園距離遠近、住宅綠地、公園品質等，會增加我們接觸土壤裡常見的牝牛分枝桿菌（俗稱「快樂菌」）、芬多精、負離子、自然景致和環境生態多樣性。這些接觸，也減少吸入不良品質的空氣，降低炎熱和暴戾，影響DHEA固醇類荷爾蒙、脂肪細胞分泌的蛋白質激素、維持正常血糖、讓人放鬆、保持生命力；更重要的是，孩子能夠因此提高注意力、提升免疫功能、健康睡眠，並帶來各種病症的下降，例如台灣孩子常見的注意力不足過動、焦躁、肌肉骨骼疾病、呼吸系統疾病、上呼吸道感染、過敏、氣喘及異位性皮膚炎等。

美國的暢銷作家理查・洛夫（Richard Louv）早在二〇〇五年便提出「大自然缺失症」（Nature-Deficit Disorder）這個現象，台灣的孩子並沒有置身事外，遊玩的自然遊戲活動太少，極有可能會出現各種上述的「現代文明病」，甚至還有台灣衛生福利部自行統計的近視、過胖、感覺遲鈍、壓力過大、躁鬱傾向、課業表現不佳和創造力低落。當然，很多生態倡議團體呼籲的珍愛動物以及植物、主動維護環境永續的行為，更不可能出現在這些孩子身上，因為享譽全球的英國自然歷史學家大衛・艾登堡爵士說過：「人們會去保護自己在乎的人事物地，而沒有人會去在乎自己從未體驗過的人事物地。」孩子需要自然而成長茁壯，自然需要孩子來維護保持。而整個城市呢？活力充沛的城市需要「自然」也需要「孩子」，兩者從不互斥、缺一不可。

特公盟的兒少遊戲空間倡議運動，會持續在自然遊戲空間增設的政策遊說、城市規劃、空間設計、社區發展和公眾教育的改變上努力，而一般讀者能為孩子作什麼即刻的大自然補強技／補充劑呢？

啟傑和宣蓉的這一本書，從幼兒教育的角度，將孩子在學齡前不同年紀的狀態和他們的身心需要都清楚寫明，也分析不同性格特質的孩子在遇見自然時可能會有的恐懼。面臨不理解且生命經歷未有，而無法去做風險評估的情境和生物的時候，我們身為比較有知識能力的大人，該怎麼做？他們建議：瞭解、接納、陪伴和賦能，細緻的循循引導。加上現代社會的大人如我們，其實也離自然接觸及自然遊戲太遠，當我們要成為那個循循引導甚至增加趣味的大人之前，我們自己該怎麼準備自己？我們該怎麼陪著孩子準備他們自己？更是需要一個明確的備忘清單，同時準備大人版的文字清單還有小孩版的圖畫清單，是極貼心的一個提醒。

旅居英國的景觀建築師及雪菲爾大學景觀建築學系的劉孝儀老師曾提到：一九九八年的美國植物學家舒斯勒（Elisabeth Schussler）與生物教育家萬德西（James Wandersee）曾一同提出「植物盲」（plant blindness）這個專有名詞，意指「人類在所處環境中，無法看到或注意到植物」。現代家長可能會帶著孩子去動物園和上昆蟲課，幼童因為動物是活的、可互動的而覺得新奇有趣，但不知道植物也是生命體，所以不感興趣又缺乏認識。

從啟傑和宣蓉的春天章節裡，至少我們可以透過好看又可食的蛇莓、構樹果實、龍葵和桑椹，甚至收集香蕉葉來包飯糰、香草來泡茶，開啟孩子對大自然的味蕾和胃口，從找食天性引孩入勝，先去除孩子的「植物盲」，再繼續進入其他季節的好玩章節，一點一點用各種自然環境中可以收集和創作的素材，讓孩子對自然遊戲的胃口大開，跟著親職照顧者或教育工作者如你，一起瘋玩大自然。

Preface

作者序

兒童教育工作者　趙啟傑

可以說是在淡水河邊成長的我，總是會被天空多變的顏色給吸引，紅、黃、藍、紫，各種顏色在天空渲染出美麗的色彩。我家的田在淡水旁邊的小山坡上，我總是在夏天時跟著爸爸、阿公到田裡挖竹筍，用眼睛在布滿竹葉的土地上尋找著探出頭來的筍尖。這時，我會看到在林間跳躍的螽斯、蝗蟲，或是在樹梢上唧唧叫的蟬。

我慶幸自己在這樣的環境中成長，如今在幼教現場工作時，我喜歡帶著孩子探索都市與森林中的大小動植物，以及在大自然玩著各式各樣的遊戲。對都市的孩子而言，一開始會看到很多的害怕、退縮，但是隨著他們動手摘下自己出力幫忙種的葉菜、秋葵、絲瓜，或是跟著我收割一大片的地瓜葉，坐在地板上仔細的撿菜，最後簡單地烹飪，料理完成。又或是用工具收割芒果、芭蕉，摘取樹上的桑葚，這時坐在旁邊吃得渾身髒兮兮的孩子們往往帶給我一個滿足的笑容。

我深知孩子們對於自然的喜好，在疫情爆發的年代，或許人與人之間的距離變得遙遠，但遠離人群的自然遊戲也隨之慢慢的流行起來，加上現在幼教現場一直在推廣的鬆散素材※，孩子們從生活中的撿拾、觀察便能夠發展出各式各樣的遊戲。

希望，您看了這本書會喜歡，請試著帶領孩子一起來玩玩書中的小遊戲吧！

※鬆散素材：源自義大利瑞吉歐課程的教育概念，依照林佩蓉教授《幼兒園教學與教學品質評估表——2020版》裡的定義——鬆散材料係指就地易取用、可移動、可攜帶、可組合拆解、可自由選用的自然素材與人工材料，規劃引發幼兒進行扮演、藝文創作、體能遊戲、科學實驗的學習環境。簡單來說就是就地取材，讓兒童藉由親手操作與活動來習得知識。

Preface

作者序

兒童教育工作者

陳宣蓉

接受幼兒教育的培訓，以及成為一名幼教老師的初始——當時我想帶給孩子的只是良好的發展與健康的身心，並不熟悉如何在自然中遊戲。在與孩子日積月累的相處中，逐漸發現孩子對於藏匿在草地中的蚯蚓洞洞不感興趣，或是認為滿地落葉是環境骯髒的表現，生活中有機會便是與同儕聊起動畫節目或聲光玩具，為什麼呢？電視或手機對家長來說或許是很好的育兒幫手，但孩子們只是被動地接受這些影像，既不活動身體，也不動手與思考。課後與假日安排了例行活動或才藝課程，孩子們被教導著如何精進認知與技能，缺少空白放鬆的自由遊戲時間，或在逛百貨公司的日常中習慣了過多的刺激與誘惑，這些都是現代社會中孩子的常態樣貌。

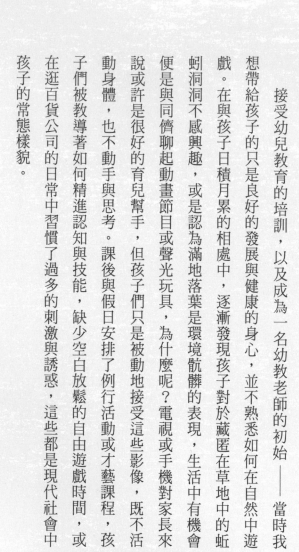

隨著季節更迭，樹葉變色、飄落的過程中，孩子也一日日成長著，這些身邊近距離的變化會被發現嗎？有孩子感受到氣溫下降，葉子也變黃了；有孩子在風吹拂過臉龐時，看見落葉紛飛便在樹下欣喜綻笑；有孩子遇見一堆小山般的落葉，便爽快躺上或是抓起大把落葉撒著葉子雨。孩子們在與自然互動及遊戲的經驗中，不知不覺培養了敏銳的觀察力、打開了五感感官去感受周遭、保持著對事物的好奇、樂於探索新事物的勇氣，抑或是在捉蚱蜢時漸漸養成專注力、觀察蚯蚓時尊重著每一個小生命，以及牠們想回家的心情。

即使過去幾年致力於在幼兒工作時，盡可能帶著孩子與自然產生更多連結，然而能帶領親力親為的孩子有限，因此開始記錄與孩子遊戲的樣貌，誕生了這本書，期望有更多的幼教工作者與為人父母者，能一同參與開啟孩子們的自然力。

contents

目錄

PART 3

四季的自然遊戲 夏

PART 4 四季的自然遊戲 秋

PART 5

四季的自然遊戲 冬

Kids playing nature games

PART 1

自然遊戲與孩子的發展

準備帶著孩子踏入自然玩遊戲嗎？
試著從發展來看看遊戲對於孩子的益處，
對於他小小的身體有多少幫助？
如果我的孩子害怕走入自然，是正常的嗎？
我要如何帶他克服呢？
藉由了解、傾聽跟鼓勵，
讓我們來一起上自然遊戲的第一堂課吧！

為什麼需要自然遊戲呢？

「如果你們的孩子生氣時，他們會作些什麼呢？」

有一次，我在一間位於釋迦園內的小學作親職教育講座時，詢問了參與的家長們，他們一臉疑惑的看著我。

「他們會跺腳或大吼大叫，讓你們很緊張嗎？」，在我居住的都市，或每一個我到訪的都市，或多或少都因為居住在都市叢林，因而對於情緒的感受格外敏感，害怕被按門鈴的、打電話投訴的，這些都讓家庭的關係變得分外緊張。

在我稍加解釋後，聆聽著的媽媽們似乎懂得我的問題了。

「他們就自己跑出去，等到生氣完就自己回家了啊！」

「你們出去都作些什麼呢？」我問了在一旁的孩子們。

「我們就一直跑，或是去爬樹，然後就不生氣了。」

是啊！在自然的環境裡，孩子會有時間、空間好好經驗自己的情緒，相較於都市裡的孩子，鄉村裡的孩子看似資源較貧乏，但是仔細想想，他們卻擁有豐富大量的自然生態，讓他們可以有時間去面對憤怒、面對挫折。

除此之外，對孩子來說，為什麼自然遊戲是重要的呢？

現代化環境與自然環境又有哪些不同呢？讓我們來看看對於孩子的影響吧！

地面

從嬰幼兒進入爬行階段，地面就開始承接我們的身體，與地面的接觸也直接影響著孩子的感覺統合，他們的大腦發出運動的訊息後，引領筋肉牽引著骨骼。接下來，皮膚將它們接受到的刺激傳導至孩子大腦，在活動的過程中，孩子的全身並不是只有在運動而已，而是與他們的大腦、感受器官有著千絲萬縷的關係。

跟現代化環境的居家地板、外面道路相對平坦的柏油、地磚比起來，當我們在不平整的自然環境中活動時，草地上長出的各種植物會搔癢著皮膚；如果是雨後的土地，孩子們會踩踏著淤泥軟陷的土壤，或是在積水的小土坑看著濺起的水花；在多雨的季節裡，小心自己腳下的土地；滿是青苔或泥濘處要避開，或小心行走，這時孩子的眼睛會看著地面的狀態，注意不要讓自己跌倒。

對於孩子來說，在自然環境中僅僅是行走這件事，便可以讓他們專注腳邊，這份謹慎小心，不止幫助他們集中注意力，同時也因為腳下狀態的不同，不時刺激自己的腳底板，讓這份刺激感傳染到全身。

水

剛剛在地面時談到了水，水又有哪些不同呢？我們想想小時候在水邊遊戲的經驗，那時候水中有很多小生物會引起我們的興趣，像是小蟹、小蝦、小魚或是小螺，當我們在遊戲時，水中的小石頭、葉子都可以成為遊戲的材料。而在水流中，孩子要學習如何保持身體平衡，例如水的沖擊，或溼滑的地面等等。相較於在家裡玩水可能會被罵，在外面的噴泉、親水區等也會有些限制，雖然在水源與安全性上需要更為費心，但是帶給孩子的刺激卻也更加豐富多元。

這些刺激代表什麼呢？對於現在的孩子而言，爬的地面、走的地面多半是平坦的，這樣的環境帶給孩子的感官刺激較少，也因為刺激變少，發展上自然也就變慢了。發現這種狀況時，與其去上很多的感覺統合課程來彌補，不如讓他們多多走入自然，在生活中自然而然的學習如何與身體相處，以這種方式了解自己的身體，遠比一週、一個月幾次的課程還要來的有效。

動動身體，在自然中的全身發展

孩子出生之後，身體是怎麼發展的呢？

新生兒呱呱墜地

孩子全身軟趴趴的在我們身上，頭蓋骨尚未合併，脖子無法直立挺起，視力也未發展完成，耳朵則是相較起來最接近成長後的狀態。這時候孩子全身還未達到統合，會有一些應付生存所需的本能行為，像是會不自主的抓住大人的手指，或是踢腿等。這個時候孩子的身體多半被包裹起來，甚至手腳都穿戴上手套、襪子，一方面避免他們無意間的探索而傷害到自己，一方面也是避免感冒，這個階段需要我們細心呵護，因為他們還未能夠照顧自己的身體。

我們能夠讓孩子透過觸覺來感受不同的自然素材，像是柔軟羽毛、粗糙樹枝、平滑葉片、有點帶刺的松果類等等，刺激他們的感官發展，但因為這時期的身體抵抗力較差，需特別注意孩子口腔能觸及的範圍是否安全乾淨。

4到10個月寶寶

孩子有較大的力量開始能控制自己的軀幹，慢慢學會了翻身、坐立、爬行，他們有更多的能力去探索世界，藉由皮膚的碰觸或指掌的抓握來體驗眼前事物的不同，並且將伸手觸及的一切往嘴巴裡塞。相較於新生寶寶的狀態，他們可以自在感受到更多的外在刺激，但也因此產生更多潛在的危險，像是噎到、塞住鼻孔或耳朵，以及誤食的現象等，因此在給予這時期的孩子體驗時，需要更注意吞食之類的安全性問題。

在這個階段，孩子們也開始會有更多翻滾、高低落差的危險性出現，但是當他們開始有能力移動時，戶外環境的刺激就可以讓他們的發展有所不同。這些刺激不單單是在大小肌肉上的差異，對於他們的腦部發展同樣也能夠產生效果，畢竟人體就像是一個複雜的網絡系統，每一部分的環境刺激最後都會回歸到大腦，四肢發達頭腦就絕對不會簡單。

10個月後的寶寶

當孩子逐漸站直、站穩、開始步行之後，帶著孩子到戶外可以探索跟發現的東西就變得更為豐富了。看看宮崎駿的電影，《龍貓》裡小梅看到小黑炭之後開始的冒險，這時候孩子處於初生之犢不畏虎的狀態，或許只認識狗狗、貓貓等疊字的生物，不知道眼前即將碰到的危險。

但同時，因為他們的動作發展已經比以前更為進步，現在的他們可以在坑坑窪窪的草地上奔跑，在濕滑的泥巴地上緩步移動，有時會因為穿戴尿布的屁股或比例還很大的頭部而不小心跌倒，但是這些環境中累積的經驗也會讓他們學習到平衡。與平坦的磁磚、水泥地面不同，在自然環境中活動的他們，需要在移動中添加更多的謹慎，時刻專注地觀察前方路線與肢體的行動，即使不小心滑倒了、摔跤了，每一次的挫折與更謹慎的心情，對孩子來說都是一次次成長。相較於人工地面，自然環境通常會更柔軟的承接住這些還在練習的孩子，而他們也會逐漸知道可能會發生的狀況，在一次次的體驗中，更加了解自己的身體。

三歲以後的孩子

三、四歲的孩子在身體發展上又有了更大的進步，大多已經戒掉白天的尿布，這時候孩子可以更自在的起立、蹲下而不需要攙扶，能跟成人有更多的互動，一起撿拾地上的橡果、大葉子、小石頭，一起在平緩的淺水中移動，或是一起手腳並用的爬上小草丘。這時候發展的認知能力，除了讓孩子可以更豐富的表達出自己的意見，也同時伴隨著對事物的了解與面對未知的心情，或是對於事情過度延伸的推論，以至於讓自己陷入危險。

孩子也會因為了解危險而產生更多的擔心害怕，這時更需要大人陪伴他去嘗試，或是為他立下界線，幫助他分辨安全與危險的存在，這時孩子才能夠在野外的互動中找到安全感，並且在安全中自在的探索與遊戲。

五歲以後的孩子

到了五、六歲以後呢？孩子們的認知又有更大的進步，這時的孩子開始對於生活中的經驗有更多探究，「這是什麼樹？」、「這是什麼花？」、「這是什麼蟲？」、「為什麼蝌蚪會變成青蛙？」、「我找到一隻蝸牛！」等等。他們有太多太多的好奇，也擁有了在自然中不斷探索的潛力，他們可以遊戲一整天不感到疲憊，也會因為一個新發現的小遊戲而沉浸其中。

這時候的孩子，一朵花、一片葉、幾顆果子都可以是玩具，因為他們已經更會扮演，也更會表達自己的想法了。這時規則性的遊戲可以慢慢出現，跟生活中相似的運動扮演遊戲也可以一一嘗試，像是用掉落在地上的芭樂、蓮霧以及樹枝來打棒球，簡單的自然物就能夠玩上很久很久。而模仿打擊這樣的動作，除了手部的運動之外，也能夠達到訓練眼睛追視的效果。

從遊戲中自然而然的刺激來訓練孩子發展，這遠比之後花大錢上感統課還要來的重要，同時也減少了孩子因無聊而緊盯著3C產品玩遊戲的狀態。

台灣各地縣市政府都有兒童發展檢核表可以下載，建議可以查詢不同年紀孩子的發展狀態，然後想想書中介紹的自然遊戲中，那些可以帶著孩子一起玩。

台北市政府衛生局 學齡前兒童發展檢核表

高雄市政府社會局 兒童福利服務中心

自然不可怕

「啊！有蟲！」才剛說完，還看不清楚是什麼蟲，就「啪滋」一聲，被小孩給踩死了。

不論是螞蟻、蜘蛛、蟑螂，或是蜈蚣、馬陸、螳螂，不管有毒沒毒，長得可愛或漂亮，都會被孩子給一腳踩死。在他們眼中，或許只有獨角仙、鍬形蟲能夠引起他們的注意，其他看不上眼的動物都是他們的腳下亡魂。

為什麼要這樣踩死動物呢？

對這些孩子而言，他們的生活離自然是遙遠的，在家庭環境中覺得螞蟻、蟑螂等昆蟲都是可怕的東西，必須除之而後快。缺少對於其他生物更多的認識，自然也就失去了對生物的理解與尊重。

但是，當我帶著他們去認識不同的生物，

發現螳螂的卵鞘，看到卵鞘內小螳螂的出生；春天時尋找柑橘類葉片上的小小卵，或是一隻隻有如鳥糞的小小幼蟲，直到牠們化蛹羽化成蝴蝶。孩子們對於這些物種開始不陌生、不害怕，自然而然會改變原來的腳步，不時停下來要我去看看他發現的東西，原先讓他感到不喜歡或害怕的生物，也就不再是原本印象中的模樣了。

是啊！有些生物在野外我們確實需要注意，像是會叮人的蜂、會「保護」自己的蛇，或是不能隨便觸摸以免沾惹上寄生蟲的非洲大蝸牛，對於生物的了解多一點，就會讓我們對自然的害怕減少一點。

一般印象中認為很可怕的蛇，即便是關在籠子內，也有不少人看了就不舒服，在野外看到更是恨不得一棍打死牠。但是，只要我們不侵犯牠的範圍，或先用樹枝、竹竿來打草驚蛇，事實上蛇是不太會主動攻擊人類的，反而多半是蛇被害怕的人們無故打死。

正確的認識可以幫助我們克服內心的害怕，當然也會幫助我們避免將害怕帶到孩子的身上。但是，如果孩子比較敏感呢？如果孩子對於新的事物需要更多時間去適應呢？或是孩子才把雙腳踏在地上就覺得很髒而跳起來呢？

我們又要如何給予他們勇氣，帶著他們去克服心中的害怕？這便是我們要學習的。

第一步：了解孩子害怕的類型

所謂初生之犢不畏虎，我們眼中就是會有一群孩子什麼都不怕，什麼都用手抓，什麼都去碰看看。但同時，我們也知道會有一群孩子，在很多場合都會先作觀察，花大部分時間黏在你身邊，你可能示範一點，他才跨出去一點點，但是很快又回到你身邊，或是他一碰到沙子就嚷嚷著不舒服，很快就跑出來要你幫他洗腳。

這些都是孩子各種不同的敏感，也是孩子特殊的氣質。就如同常被提及的星座、血型或出生日期一樣，是每個人獨特的特質，也是他們適應世界的方式。

有些孩子是觸覺敏感，我自己就很不喜歡碰觸氣球與保麗龍的質感，一碰到就會渾身雞皮疙瘩冒出來，什麼都不想嘗試了。有些孩子則是對於泥濘、沙子或是軟爛質感會覺得不舒服，因此當他感覺這個觸感不舒服，便會停下眼前的事情，去尋找比較舒服的觸感。

有些孩子是聽覺敏感，像是特別的聲音、環境中太吵雜或是我們沒有注意到的特殊聲音等，都會讓他們感覺到不舒服，進而躲離眼前的環境。

而有些是嗅覺敏感，例如某些植物散發出來的獨特味道，或野生動物身上具有的氣味，甚至是動物排泄物的味道。孩子的鼻子因為不像我們大人長期被汙染給荼毒，有些時候他們比我們更容易聞出環境中的獨特氣味，那些讓他們不喜歡的味道，也就理所當然影響著他們對於自然的喜好。

試著了解孩子在什麼樣的情境中會有敏感的感覺，自然也就有機會帶領孩子去克服這些讓他們感到害怕的事物。

有時候，孩子的害怕是基於已知事物的害怕，例如孩子知道蛇會咬人，而且咬人可能會死掉，因此當他看到蛇時，下意識的就會感覺到害怕。不論眼前的蛇是有毒還是沒毒，對他來說那早已不是重點，因為當下他已經先入為主的認為，蛇就是可怕的生物了。

另一方面，孩子同時也會對未知感到害怕，例如我們走在山林間，孩子不知道自己會碰到什麼、看到什麼，自然也就會形成害怕的感覺。想想，如果我們被丟在一個什麼都不知道的荒郊野嶺，這時候我們要怎麼讓自己不害怕呢？

第二步：接納孩子的害怕

如果害怕的情緒是一陣大浪，那孩子就像是被海浪捲走，正在大浪中載浮載沉，只要伸手抓著讓自己感到安心的事物，就可以試著讓自己從恐懼的潮水中脫離出來。而我們大人的應對會成為浮木、救生圈，或是又一把將孩子推回害怕內。

接納孩子的情緒，試著抱抱他，告訴他：

「我知道，你現在很害怕。」

「對於這個新的經驗，你會有些擔心。」

「它看起來有些危險，所以你會有些不敢。」

試著以言語及動作告訴孩子，我在你身邊。

第三步：陪伴孩子認識害怕

在我們理解不同的害怕類型之後，接下來要作什麼呢？試著帶孩子了解他在害怕什麼吧！「害怕沒有看過的東西？」、「害怕會弄髒身體嗎？」、「害怕東西的觸感嗎？」、「害怕動物的長相嗎？」

陪伴孩子描述眼前害怕的過程，可以讓孩子釐清自己內心的感受，省思自己真正害怕的事情。願意聆聽孩子說話，讓他認識自己害怕的過程，也會讓孩子感受到——他的感受是很重要的，他的感覺是有意義的。然後在一次次對話的過程中，孩子會更加了解自己。

第四步：給予勇氣

面對害怕而失去勇氣的狀態，給予鼓勵（encourage）是賦予勇氣（courage）最好的方法。回到第一步驟來想想，如果聽到別人對我們說「這不過只是一隻蟲，沒有什麼好怕的。」或是「你真是一個膽小鬼，連這個都怕。」這時我們大概會瞬間失去勇氣吧！就算真的為此去碰、去接觸，恐怕也是一時的意氣之爭，一個「你說我不行我就要作給你看」的狀態，但內心並不是真正開心的。因此在下次碰到昆蟲時，還是會害怕，或是把這樣的情緒變成對於昆蟲的仇恨。

在給予孩子勇氣前，成人必須要展現出自己內心的勇氣。孩子的內心比我們想像的還要纖細，他們純真的內心與眼睛會仔細看著我們對於眼前生物的感覺，對於眼前嘗試的感受，我們是不是覺得眼前的土地骯髒，或我們是不是不敢去碰觸眼前的植物。如果你真的也害怕，請勇敢說明你的感受、你的感覺，然後跟著孩子一起鼓起勇氣嘗試看看。也許你們都會發現並沒有那麼困難，在互動中，孩子得到了勇氣的方向，我們內心的害怕也得到了療癒。

另外，獲取知識也是幫助我們不會害怕很重要的步驟，很多時候，我們的恐懼來自於未知。不知道眼前的森林會有些什麼，害怕眼前的動物、昆蟲，這時不妨試著找找牠們的資料吧！找到資料時，內心也會同時得到安定的。

最後，如果所有的方法都用盡了，孩子還是感到害怕呢？

那，也許是因為他的發展階段還沒有辦法讓他承受這樣的害怕。或是，我們要了解，每個人都會有與生俱來感到害怕的事情，也許還有我們沒辦法陪他克服的關卡，那就接納這樣的他吧！

畢竟，連我們自己都會有害怕的事情，所以，沒有關係的。

探訪與設限

到了戶外，即便是再人工的場地都還是有一定的危險性，在有備無患的救護用品準備之外，更重要的是讓孩子擁有能夠覺察且避免危險的危機意識，這點則是需要家長來協助建立的。

在25頁談到三、四歲年紀的段落曾經提過，但不單單是初生之犢不畏虎又可以快速移動的這個年齡層需要注意，而是每一個年齡層的人都需要學習敬畏土地，能夠理解每一個地方如果不稍加注意都可能有危險，才能夠讓人避開危險，於是當你帶著孩子到野外時，適時帶著孩子去理解危險的原因，並且設下限制就很重要了。

例如：最常見的是很多孩子看到水灘就興奮不已，想要趕快下去玩水，或是看到自己的球掉到池塘時，覺得再往前一點點就能夠拿到球了。這些意外的來臨有時來自於孩子的好奇，有時來自於孩子對於自己的過度自信，有時來自於孩子的不了解，有時也來自於一時的不小心。面對危險時，拒絕孩子接觸並不是培養危機意識最好的方法，全然禁止有時反而會養成好奇心害死貓，或是同碰觸紡錘針的睡美人一樣，只會讓孩子更加好奇，讓他們更想嘗試，危險也就伴隨著出現。

這時候我們要怎麼作到設限又不會讓孩子只有心生畏懼而不敢探索呢？

首先要作的，就是好好跟孩子說明。

像是會滑倒的潮濕土地、容易跌落的水坑或是可能會咬人的狗，你可以帶著孩子在安全的範圍跟他說明：

「這裡因為很濕，會滑，我也很擔心我自己會滑倒，所以我們不可以過去。」

或是「狗狗可能會心情不好，我可以帶你去看，但是你不能夠自己靠近牠。」

記得在設下限制時，語氣要堅定而且清晰，越是年幼的孩子在語句上就要更簡短堅定，但是記得是堅定的說明而不是嚴厲，更不是責罵。

「不行！因為你會跌倒，所以不能過去。」

跟「你怎麼這麼不聽話，連危險都不知道……」相比，除了不行之外，能夠清楚的說明原因，對孩子來說會更清晰的將行為與事情加以連結，而不會變成我不好、我很糟糕的負面自我概念。

設下限制之後，孩子可能還是會有躍躍欲試的興趣，這時不妨帶著孩子嘗試，試著在一定範圍內的安全狀態下讓孩子親身體驗到後果，由於是來自於我們的準備與安排，事前已了解可能會有的風險，然後也願意陪伴孩子在真正滑倒、跌落水中後將他扶起，拍拍他看看是否有受傷，接著不以責備、怒罵的語氣，而是接納他想要挑戰界線的心情。

這時候的擁抱不是鼓勵他以後繼續犯錯，而是我們了解身為一個人，總是會有不完美的地方，你可以帶著他再檢視一次眼前危險的地方，然後告訴他下次可以怎麼避免、預防。對孩子來說，他也許從覺得自己絕對沒問題的想法，因為跌倒變成落湯雞正在生氣地責怪自己或別人，甚至只記得痛處，在這時候進行說教、責備，孩子根本無法接收，因為此刻的他可能早就關上心裡的門，聽不到也感受不到了，這樣一來當然就會繼續再犯錯下去。而大人更是絕對要避免在孩子越線的時候搖擺不定，或是覺得他的挫折失敗很有趣而捧腹大笑。

模糊的界線會讓孩子無所適從，或是讓他無法分辨為什麼這時候可以，那時候不行。尤其是大人並沒有清楚跟他說明原因的狀態下，當他的經驗與眼界無法理解原因時，就只能回到從錯誤中學習，累積自己的經驗。但是，不是每一件事情都可以讓孩子去嘗試而不會有可怕的後果，所以清楚且明確的界線，是大人一定要作到的。同樣的，當你發現孩子無法理解你的意思時，請不厭其煩地再跟他說明一次，也許在他的眼睛裡看起來，每一件事情都與我們想的不盡相同，但這需要經由傾聽與溝通，才能夠抓到孩子的思考模式，進而用他的語言讓他更清楚的了解。

面對孩子犯錯跌跤時的態度也很重要。

我們或許會因為一些人的挫敗、跌倒而捧腹大笑，有時這也是一種喜劇或幽默，在錯誤的狀態下表錯情緒，對成人來說或許知道怎麼避免同樣的危險，然而孩子是無法理解這點的。他可能會因為我們的笑聲以為自己作對了，或是為了要讓我們開心而持續眼前的行為，這時候的情緒就像是引發危險種子的引信，被悄悄點火直到有一天爆炸，但是大人卻不自知，誤以為只是孩子的不足，忽略了自己覺得的幽默，對於孩子來說反而是一個「我作對了」的認知增幅。

而且，大人覺得孩子無能、無力的嘲笑，同時也會造成孩子的自卑感「我感覺很笨！」、「我只是很好笑而已！」、「我什麼都作不好！」在嘻笑的大人背後，是難過的孩子，一個缺乏自我認同的孩子。

最後，理解安全一定帶有限制，但限制又不只是「不可以、不行、不准」。一個個禁止的紅燈無法讓孩子了解冒險之後可能會有的風險，當然也許我們也不懂，畢竟是全新的場域與環境，這時請別忘了你我總是走過比孩子更長遠的路，牽著孩子的手一起去感受環境的接納與限制，慢慢一點一點的學習畫好界線，才能帶著孩子在戶外好好的安全遊戲。

最重要的，有了安全我們才能走得更遠更開心。

探訪自然前的準備

對於第一次準備帶小孩前往自然環境遊戲的你來說，應該先作什麼樣的預備呢？

想想，如果我們沒有告訴孩子要去的地點，就這樣把他載到目的地，一下車他發現眼前跟自己的想像有很大不同，想要找工具時什麼都沒有帶。或是大人自以為都準備好了，但因為孩子沒有參與整理，因此當下腦袋中無法聯想到有哪些工具，自己可以作哪些事情。最後，什麼都沒有準備的孩子開始抱怨無聊、不好玩，大大潑了你一盆冷水，整個旅程的氣氛也就盪到谷底。

所以首先要帶著孩子認識與了解，我們可以作的是利用現有的工具，像是GOOGLE MAP、網路上的網誌、照片等，讓孩子先了解目的地的具體樣子、那裡有些什麼。讓未知變成已知，可以幫助孩子從原本茫然的不安感，變得較為踏實。

「原來那邊有很多小石頭。」、「那邊有一條小溪，看起來很好玩。」、「看來我們可以準備一雙不怕水的鞋子。」

接下來，帶著孩子討論：「你覺得我們需要帶什麼？」、「你覺得如果你會擔心的話，你需要什麼樣的幫忙？」、「如果你真的不喜歡，我們可以試著練習看看能夠待多久呢？」

通常我們會認為孩子是沒有想法的，或是孩子說不出來，因此大人就先入為主的幫他把所有東西都準備好，孩子只需要負責玩就好了。但只要我們願意多問、多等待，仔細傾聽孩子天馬行空的想像，那些都擁有他獨特的價值與意義。

我們可以先讓孩子試著說出他想像中需要的東西，幫他記錄說出來的工具，或協助他畫出來。這時你的工作除了協助記錄，也可以試著把孩子沒有想到的答案引導出來。

例如：「你剛剛想到要去水邊玩，那鞋子要不要從布鞋換成溯溪鞋呢？這樣比較不會跌倒。」、「你想要觀察有哪些鳥，那我們要不要帶望遠鏡呢？」

因為孩子的既有經歷比較少，很多事情仍然需要我們幫他擴充、加深加廣，這樣他們才能夠事先作好準備，也能夠在思考時多一些經驗。

此外，在準備物品時，也別忘了注意孩子說出口的擔心：有些是顯性的擔心，像是一邊整理一邊說怕有蚊子，或是怕太陽太大等，這些就可以陪伴孩子一起準備防蚊液或帽子，讓他感受到安心。

雖然孩子沒有說出口，卻反覆在尋找物品，或一直放很多不是那麼重要的東西時，就有可能是他隱性的擔心，需要大人的陪伴與對話。

「擔心不可怕，只要有人可以幫忙，我們就能夠再進步一點。」

最後，接受孩子會有的不喜歡。對於大人來說，如果碰到不是那麼喜歡的事物，會有很多策略可以幫助自己排解，甚至可以選擇自己離開。但是孩子卻沒有辦法，當無法掌握的事情變得太多時，他們會因為焦慮而使得情緒有所波瀾。這時候的孩子跟我們心情不好時一樣，需要被了解、被接納。

因此試著接受孩子可能會有的不喜歡，幫孩子安排一些台階走下來。能夠為每件事情找到台階，對於之後面對自己不喜歡的事物會很有幫助，因為不會感到天要塌下來般的不安，一切事情都能夠有所轉圜，情緒自然也就穩定許多。

都在談孩子，那大人呢？

大人在選擇衣服時，避免讓自己與孩子穿著太乾淨的衣服，有些髒汙的衣服反而會讓我們在野外更加自在，畢竟如果是嶄新、潔白的衣服，或多或少在玩樂時會顯得拘謹，即使我們自己不在意，對於一些孩子來說，也會是一道需要我們注意的關卡。

在鞋子方面，不怕濕的溯溪鞋、雨鞋、橡膠鞋等，都可以幫助我們在探索土地、溪水、海水時變得更方便，對於腳部的保護也會比較充分。我喜歡穿著橡膠鞋在自然中活動，上山下水都可以用一雙鞋子搞定，結束後只要把它倒過來晾乾即可，少了穿脫襪子等待腳乾的時間，腳底板也不太會因為藏在水中的尖石或垃圾而受傷，在潮濕的環境也能夠達到些許止滑的效果。

再來，一起準備一份可口的便當吧！帶著孩子在戶外活動，除了遊戲之外，是否也能帶著孩子一同減少塑膠使用，一併帶給孩子環保的概念呢？一起準備便當，就像是出門前的一個儀式，互相合作發揮想像力，即使是飯糰也能夠變得很不同。

最後，大人的內心也需要放輕鬆，也許這次的野外挑戰不會諸事順利，但是再多的不完美都是生活中的常態。想想我們從中學習到什麼，下次還可以如何改變、挑戰，或是不害怕失敗的展現，這些才是孩子在戶外遊戲中收獲最大的甜美果實。

在出發前不妨看看以下表格，想想這次出門會用到什麼呢？想想你出門前還會想要準備什麼呢？試著作出一張自己的戶外遊戲檢核表吧！跟著孩子一起設計表格，一起腦力激盪。

年　月　日

會用到的工具	有沒有帶到呢？
☑ 備用衣物	
☑ 防蚊液	
☑ 防曬乳	
☑ 好走的鞋子	
☑ 帽子	
☑ 充足的水	
☑ 筆記本＆筆	
☑ 相機	
☑ 鋸子	
☑ 刀片	
☑ 剪刀	
☑ 捕蟲網	
☑ 生態箱	
☑ 不要的鍋碗瓢盆	
☑ 打火機	
☑ 粉筆	
☑ 麵糰	
☑ 童軍繩	

如果孩子還小，不會寫字也看不懂字，是不是就無法作出去玩的備忘清單呢？當然不是，只要把文字變成圖畫，孩子也能夠作出自己的檢核表喔！

有備無患的救護用品

在探訪自然時，總是可能會有一些意外，接下來就談談前往戶外活動需要準備哪些醫藥用品吧！在此要注意，盡量攜帶日常熟悉且懂得使用的藥品與包紮材料，以免增添不必要的變故，或反而讓自己陷入更加慌張的情況。因為是急用物品，所以要放在包包內好拿易取的位置，醫藥包外側最好再套一層密封袋或夾鍊袋，作好防水措施。

外傷用

- **生理食鹽水：**建議選購沖洗傷口專用的「藥字號」生理食鹽水。當孩子跌倒或是受傷、過敏時，可以簡單的清洗傷口。
- **滅菌紗布&棉棒：**可以準備數包不同尺寸的紗布，無論是受傷清洗後的加壓止血，還是傷口包紮都方便。棉棒要以旋轉的方式擦拭，避免來回塗抹。記得開封後就不再無菌，下次出遊請使用未開封的新品。
- **優碘&白藥水：**優碘是相對溫和但殺菌效果強的廣效型殺菌劑，不過日曬後可能留下色斑，於是現在的受傷照護慢慢被白藥水取代。此外，使用優碘要注意傷口與紗布的沾黏，而白藥水因為含有血管收縮劑，為了避免造成深層內部惡化的可能，較適用表面的淺層創傷。

- **抗生素油性軟膏：**新黴素或金黴素之類的油膏可以預防大面積的表皮創傷、擦傷、燒燙傷感染，同時避免傷口與紗布沾黏。注意要選購不含類固醇、不含抗黴菌劑的藥膏，如果不清楚，購買時可以請教藥師。
- **OK繃：**同樣可以準備大小規格不同、防水或一般用皆可。
- **寬版透氣膠帶：**可以用於固定紗布、包紮小傷口、處理磨腳或水泡等。

藥劑

- **暈車暈船藥：**預防暈車、暈船。
- **非類固醇類的消炎止痛藥：**消炎止痛。
- **止瀉劑：**腸胃不適時，用於止住腹瀉。
- **個人藥品：**無論是孩子還是家長，若有特別的藥物需求，在出發進行自然探索前一定要準備好。探索時記得要一點一點的接近，孩子退縮時除了害怕，也別忘記孩子可能會有過敏的情形，請同理、理解每個人身體的不同。

曾有過敏記錄的人，可以在請教醫師、藥師後，預備一些含鎮靜作用的非處方藥口服抗組織胺，用於應對蕁麻疹之類的急性過敏。但是仍要多注意小孩對各種藥物的過敏情形。

其他

- 冰敷袋：如果可以，不妨帶個冰敷袋，孩子過敏時可以鎮靜止癢，跌倒時亦可冰敷使用。
- 鑷子：清除夾出傷口異物用。
- 不鏽鋼小剪刀：裁剪透氣膠帶、紗布等。

活動中還要注意補充流失的水分與鹽分，玩水時也要避免長時間泡在冰涼的水裡以免抽筋。無論冬夏都要注意流汗後的保暖，盡量讓身體保持在乾爽狀態。準備萬全只是希望有備無患，預祝大家都能開心平安的滿載歡笑回家。

spring

PART 2

四季的自然遊戲

春

春

立春帶來雨水，
驚蟄的雷聲巨響，
喚醒了土壤裡的昆蟲與動物。

等待，
春分讓白天慢慢追上黑夜，
清明與穀雨，帶來更多生機。

看著種子冒芽增長，
看著雨滴滑落在姑婆芋的大葉子上，
聽著窗外淅瀝嘩啦，
聞著冰冷空氣中傳來的陣陣潮味。

在春天，還有一些濕冷，
有時，寒風仍讓我們穿上厚重的衣物，
但，春來了，
想想我們怎麼輕鬆的與自然互動。

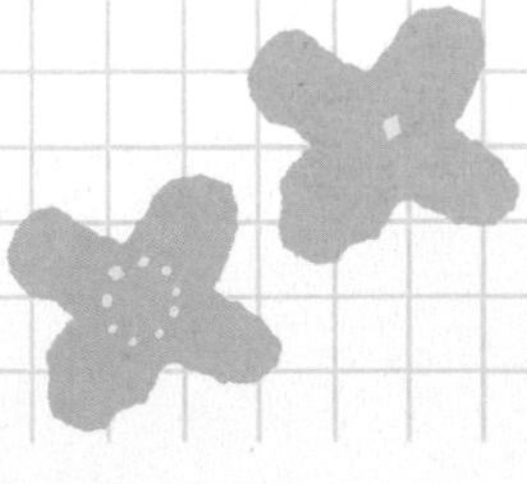

PART 2

四季的自然遊戲

春

春・的・遊・戲

台灣的春天是什麼樣的樣貌呢？

天氣變化多端，一下寒冷、一下炙熱，一個禮拜就有各式各樣的變化。這時，先是櫻花打頭陣，接下來各種不同的野花綻放，四處可見美麗的花景，最後在落英繽紛的桐花雨中收尾。

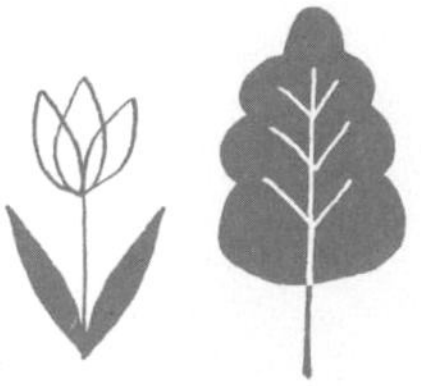

PART 2

四季的自然遊戲

春

在春天進行戶外遊戲時，首先要注意的便是天氣變化，在陰晴不定、忽冷忽熱的天氣裡，需要準備好雨具、活動備案以及洋蔥式穿衣。我們的第一堂戶外遊戲課，就先來體驗春天特有的素材吧！以花、莖、果實等為主題，一起來看看春天可以玩什麼遊戲。

尋野果

（龍葵、蛇莓、構樹果實、桑葚）

台灣的野外，四季都有不同的果實可以摘取、食用，但是別忘記要看好植物的外形，並且先摘取少量嘗試吃看看。沒有不適時，才能再繼續品嘗喔！對於眼前的野外植物不確定名稱時，可以藉由APP（形色）來幫助確認。

龍葵

龍葵一直是台灣漢人、原民都會運用的野菜。在春天，我們要吃的是它的小果實，吃起來有酸酸甜甜的味道。但要注意果子要選黑色的才能夠吃，不然會有龍葵鹼（Solanine）的殘留，會讓人拉肚子，所以也不建議一次嘗試太多顆喔！

蛇莓

一年四季的草皮上，如果仔細看看裡面，有時會看到幾顆美麗的紅寶石，這些就是蛇莓。小小的寶石需要你輕手輕腳摘下，不然一不小心就會把它弄破哦，但是自然的東西就是不害怕失敗，如果孩子不小心弄破了，就帶著他多嘗試幾次吧！

龍葵

蛇莓

春

構樹果實

因為具有強健的生長力，構樹是台灣野外很常見的植物，即使是人為開發後的土地，構樹也會很快就在那定居、茁壯。曾經在爬山時碰過一群台灣獼猴正在樹梢上享用著構樹果大餐，滿地甜美的果實也吸引不少蟲子啃食。成熟的構樹果實是美麗的橘紅色，摘下來咬一大口，甜甜的香味就充滿在嘴裡，是自然給的甜點，構樹的果實紅了，意味著夏天也快來到我們身邊囉！

桑葚

我想大人小孩對於桑葚都不會太陌生，在台灣的自然環境中處處都有機會看到桑葚樹，等待果子成熟變成黑色時，用手小心地一個個摘下，嘗嘗看這棵桑葚樹是長出甜的果子還是酸的果子呢？

構樹果實

桑葚

春末時期還青綠的構樹果實。

桑葚

魔法棒＆搔癢棒

當你拿到一根樹枝，會想要用來作什麼呢？孩子又會有什麼不同的想法呢？一起尋找葉子花草，整理成一束綁在樹枝一端吧！掃掃桌上的橡皮擦屑；對著孩子咕嘰咕嘰的搔搔癢；唸句咒語想像是魔杖；搔搔臉頰為自己抹上腮紅；或是在煮菜遊戲中成為一把油刷，它可以成為各種遊戲中的不同角色，帶著孩子一起製作自己的玩具吧！

Playing Ideas 3

與花草樹木遊玩的自然遊戲

春天的網

你想過為春天編織一張展現她美麗風情的網嗎？當春天的風吹拂而過，土地逐漸絢麗，擁有著四季中最光彩奪目的景象紛紛顯露！來將春天的色彩穿梭在一起吧！

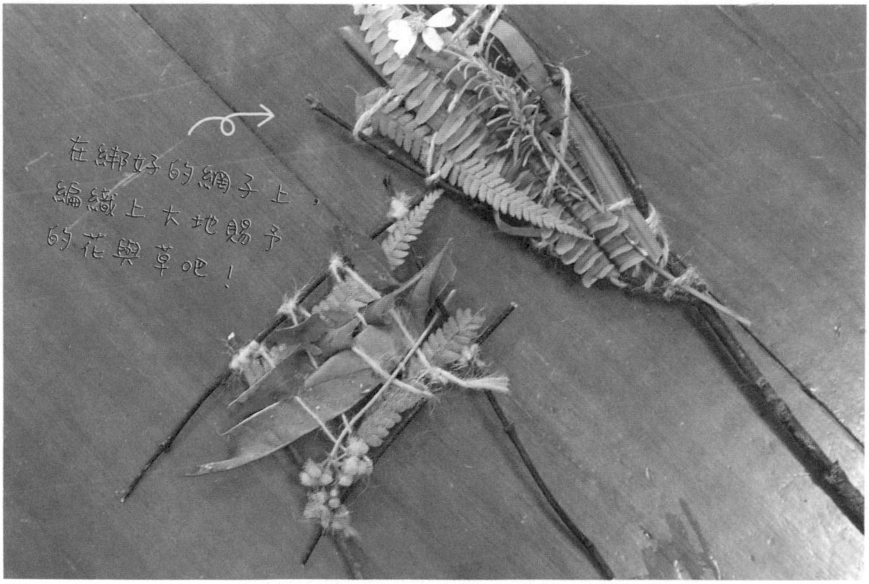

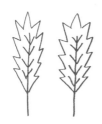

大地拼圖

你聽過鬆散遊戲嗎？這是幼兒園裡正在努力推廣的課程與遊戲——提供各式不同的自然材料，讓孩子進行多樣的建構與再創造。

帶孩子離開水泥與人工地，前往充滿自然物的戶外吧！即使只是住家附近的公園，一起來找找，會有哪些鬆散材料呢？石頭、樹枝、葉子、花瓣、果實、種子……在散步踏青時，與孩子一同撿拾，用厲害的眼睛找尋各式各樣的材料，最後選一塊開闊的土地，開始拼圖吧！

可以是一幅畫、一個人、一隻動物、一個想像中的世界，來看看孩子如何發揮腦袋中無限的想像吧！

這是帆船，
還是一棵樹呢？

春

有找到藏在裡面的臉嗎？

你看！我
作了一個印第安人哦！

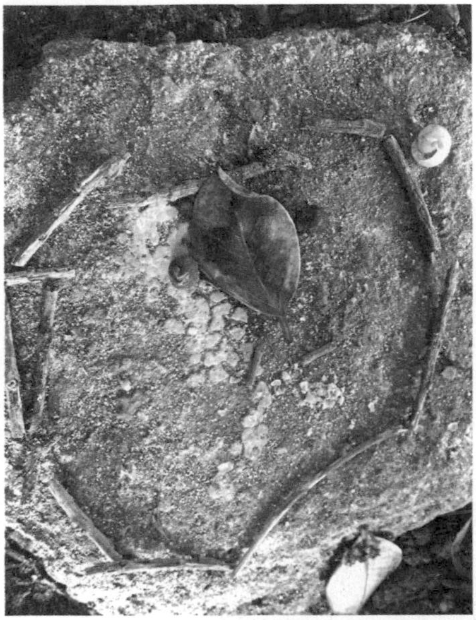

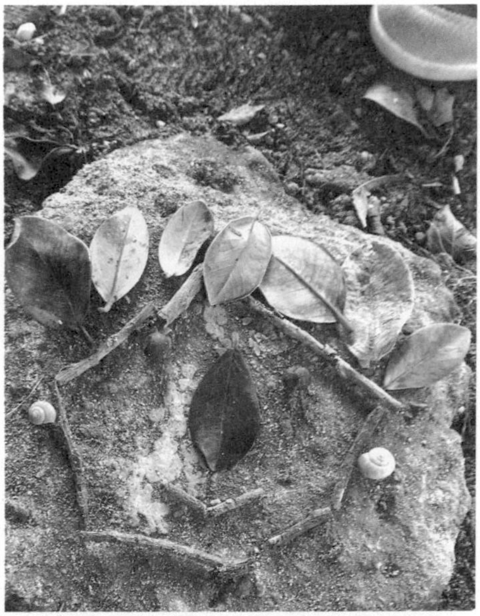

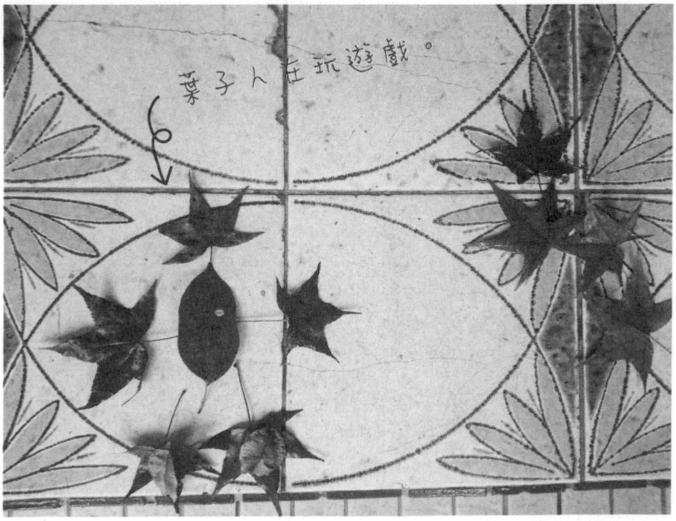

植物餐廳

蒐集到一大堆的種子可以作什麼呢？只要搭配一點點的生活用具，就可以變成扮家家酒最好的材料。

拿大葉欖仁的葉子當盤子，裡面放上一大堆的青剛櫟種子，一盤好吃的菜就這樣上桌了。跟很多現成的塑膠遊具比起來，自然的家家酒能夠回歸土地，跟著孩子一起手作也能夠讓他感覺到大人滿滿的愛。試著回歸童心，跟著孩子一起學習如何遊戲吧！

Playing Ideas 6

與花草樹木遊玩的自然遊戲

小花瓶

鋸下一段竹筒，摘一些身邊的小花，像是常見的咸豐草（鬼針草），或車前草、蒲公英、酢漿草的紫色小花等等，只要簡單布置一下，加上一點點的水，就會是一個美麗的小花瓶了。

準備一張小墊子，擺在中間來野餐吧！

「看看生活周邊有哪些野花可以拿來用吧！」

九宮格遊戲

你玩過圈圈叉叉嗎？或者稱作九宮格遊戲，你玩的圈圈叉叉是否都需要紙筆呢？在戶外，我們也能隨手玩起這項陪伴許多人童年的遊戲哦！以樹枝作出格子，石頭或葉子當作圈圈與叉叉。

孩子必須要有「連線」的概念，並且能同時思考自己的線與對手的線。四歲左右的孩子較容易只顧著連線而忽略了阻擋對手的路，隨著年紀漸長，邏輯思考能力逐漸提升後，就能想到多步後的棋路，玩起圈圈叉叉便較能像成人般的思考嘍！

Playing Ideas 8

與花草樹木遊玩的自然遊戲

吹吹昭和草＆蒲公英

蒲公英跟昭和草，它們的種子就像是小小的飛行傘，在風的幫忙下，可以四散到遠方。不妨到野外找找看，帶著孩子輕輕吹，感受自己創造的風對於眼前美麗白球的影響。

另外，練習「吹」這個動作也可以幫助孩子們口腔以及語言的發展，除了吹昭和草跟蒲公英，吹泡泡也會是很好的方法喔！

Playing Ideas 9

與花草樹木遊玩的自然遊戲

花戒指

我們經常在路邊看到各式各樣的小花，只要將它們連莖採下，將多餘的葉子拔掉，繞成圈圈並稍作固定，就變成一個美麗的花戒指了！

除了常見的咸豐草之外，想想還有哪些花可以作成花戒指呢？

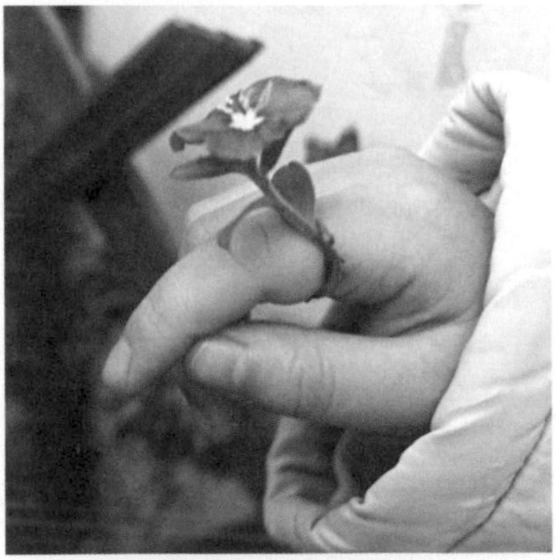

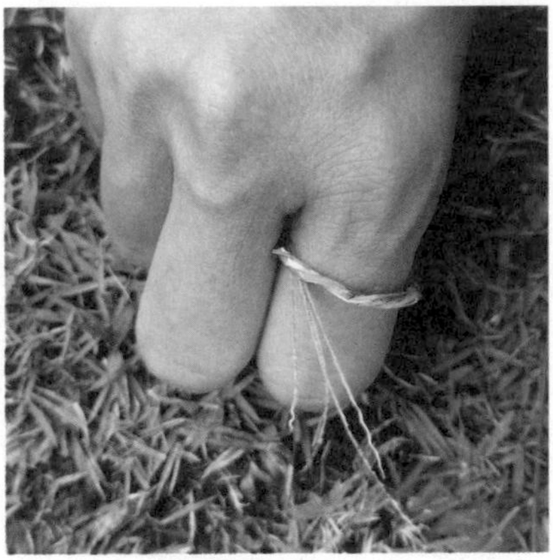

一天，跟孩子在戶外探險時，發現了愛心形狀葉子的薺菜，它也是一種可以吃的野菜。只要使用一樣的簡單方法，就能夠變成美麗的愛心戒指。

Playing Ideas 10

與花草樹木遊玩的自然遊戲

丟炸彈

（油桐果）

每逢桐花季，如雪片紛飛的白色油桐花總是吸引不少人潮，大家對桐花並不陌生，那你知道油桐果實嗎？自然熟成掉落的油桐果，是一顆形似桃子的黑色果實，裡面有著一顆顆像是栗子的種子，果實的大小正好能讓孩子一手抓握。用手臂的力氣使力將果實往地上砸，它會像煙火般在地上散開，這可是需要足夠的臂力才能成功讓油桐果炸開哦！不過記得別在馬路上丟，避免影響到用路人及車子的安全。因為油桐果內的種子有些微毒性，一定要提醒孩子不能將它放進嘴巴。

掉下來一段時間，變成黑色的油桐果。

砰！丟在地上變成油桐果炸彈吧！

烤肉串

孩子都很喜歡扮演遊戲，像是假裝煮飯或是開餐廳，這些連結生活經驗的遊戲，也能在過程中提升口語表達能力，我最喜歡的則是和孩子一起製作串燒——將樹枝串上一片片的葉子。如何在串的過程中不讓葉子裂開，可是考驗著孩子的精細動作呢！有了各種串燒後，大的葉子可以當作餐盤或菜單、樹枝當筷子、石頭當硬幣，來玩一場老闆與客人的扮演吧！

來歐～快來買
好香的烤肉串！

Playing Ideas 12

與花草樹木遊玩的自然遊戲

黏黏葉

除了種籽會黏在衣服上跟著我們到處旅行之外，一些帶有細毛的葉子也可以喔！

摘一片構樹的葉子放在衣服上（棉質、毛質的比較容易成功），你看！葉子變成衣服上美麗的裝飾了。想想，生活中還有那些葉子會黏在衣服上面呢？

把兩片對稱放，就會變成美麗的翅膀喔！

草裙

女孩們大多喜歡裝扮自己，邀請孩子來創作一件天然風格的草裙吧！剪下一段能綁住孩子腰部的繩子（或月桃纖維），接著採摘一些長形葉子，像是月桃或野薑花都很適合，每片葉子摺半掛在繩子上，最後綁在腰上就完成了。

簡單的製作方式對孩子來說能夠輕易理解與操作，作好了裙子，放點音樂一起共舞吧！

PART 2

四季的自然遊戲

春

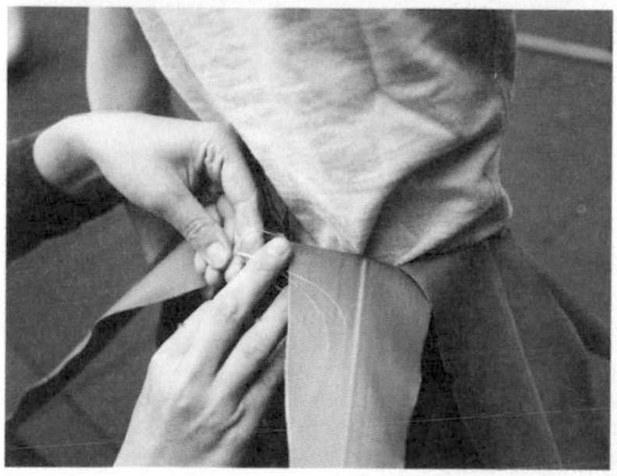

Playing Ideas 14

大王椰子＆蒲葵拖車

在路邊，我們很常看到小心落葉的標示，好大一片的葉子，如果打到人想必一定很痛吧！那我們可以拿來玩什麼呢？

想想，如果把它拿在手上，就會變成一個好大的雨傘。

想想，如果把它放在地上，一個大人負責拖，小孩坐在上面拉著葉子，就會變成一個超級大的拖車，看看誰可以拉的最牢（坐得最穩）不會掉下來！

累了的話，拿著上下搧一搧，就是一把超級大的扇子了，生火時也很好用喔！

春

好好玩！

Playing Ideas 15

泥巴甲蟲

春雨後，雨水滋潤了土壤，赤著雙腳，去感受腳底的柔軟與清涼吧！還不太適應光腳丫的人，穿著雨鞋也是好方法，只是對孩子來說少了能促進神經發展的觸覺刺激。捏一顆泥巴球，鑲入樹枝作為眼睛、腳與角，在昆蟲王國內享受一場雨天的派對吧！

1

2

3

Playing Ideas 16

與花草樹木遊玩的自然遊戲

排迷宮

跟孩子一起設計一個迷宮，接著一起用自然物把它排列出來吧！想想，除了樹枝、葉子跟石頭外，身邊還有哪些東西可以拿來打造迷宮呢？

葉子編織

你會編織嗎？編織通常是選用繩子、線，或是紙條作為材料。在自然中有什麼長長的東西也能用來編織呢？一大片的香蕉葉，只要從側邊輕輕一拉就變成一條一條的，運用食指與大拇指的細微動作，就可以將香蕉葉撕成細長條。再請剪刀幫幫忙，把邊緣剪成尖尖的，在最後收尾時比較容易。作一個小杯墊、一條三股編手環，陪伴孩子一起享受手作的樂趣吧！

編織手環

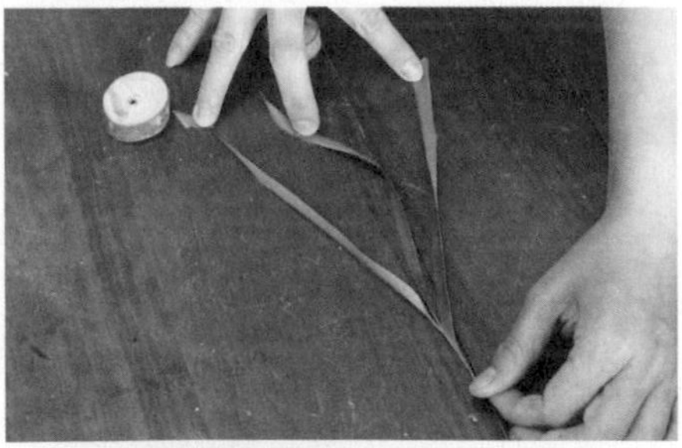

1 把一條撕開成三片。

像是編辮子一樣，慢慢編織起來。 2

頭尾打結，就是好看的手環。 3

編織杯墊

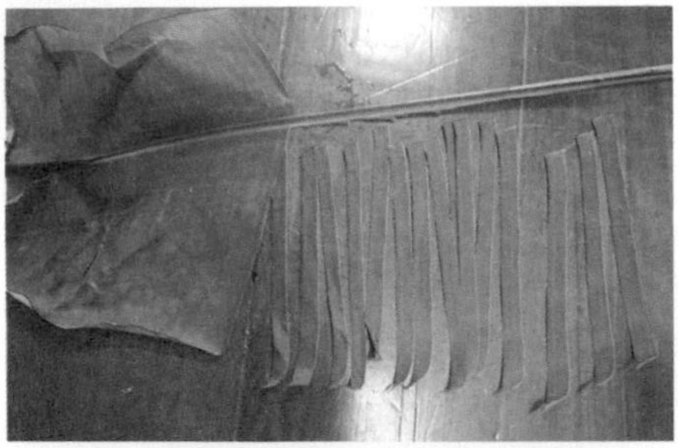

1

先將葉片撕成小條。

2

一開始的編排，如果孩子不習慣，大人可以先幫忙作作預備。

3

大人小孩一起動手，會更容易喔！

4

將葉片末端剪成尖尖的模樣。

5

接著一一反摺，插進織片背面固定。

6

美麗的杯墊完成了！

Playing Ideas 18

藤蔓跳繩

柔軟的藤蔓除了製作聖誕藤圈外，也很適合用來遊戲，無論是拿來跳高、過繩，或是直接把藤蔓拿來當跳繩，在野外若是孩子喊無聊，就一起尋找藤蔓，運用自然物進行遊戲吧！

Playing Ideas 19

與花草樹木遊玩的自然遊戲

拓印

我們找到一堆有趣的葉子、果實，它們還可以作什麼呢？

在撿來的葉子、花朵塗上壓克力顏料，蓋在布、衣服、紙上面，就會出現美麗的葉子圖案了。五顏六色的葉子、花朵，藉由著巧手排列組合，就會變成各式不同的樣貌。若是使用衣物專用顏料，清洗後花樣也不會掉落喔！

四季之框

卡點西德是一種美術用品，像是貼紙一般，在文具店就可以簡單買到。剪下兩片相同的形狀，將事先預備好的花瓣或樹葉黏貼在兩片卡點西德之間，最後為它加上外框，就是一幅美麗的畫框，將美麗花草的形色留存下來。

放入自己喜歡的蕨類、花瓣，如果沒有卡點西德，使用寬膠帶也可以。

Playing Ideas 21

與花草樹木遊玩的自然遊戲

鳳凰木果莢響板

鳳凰木是台灣畢業歌謠的代表樹木，火紅色的花就像是展翅飛翔的鳳凰一樣，美不勝收。記得有一次，一位孩子注意到樹梢上有成熟的果莢，便帶著爸爸一同撿拾，要把它們帶到學校。孩子說：「老師一定會有辦法知道怎麼玩的！」

鳳凰木果莢堅硬，除了隨手拿起來就可以敲敲打打，甚至變成彎刀武器之外，選好兩片將蒂頭處綁起來，便成為一個很大的響板了。

清脆的啪啪聲可以傳得很遠很遠喔！

Playing Ideas 22

與花草樹木遊玩的自然遊戲

香蕉葉飯糰

帶著食物出去，一時卻找不到適用的盤子或包裝該怎麼辦呢？

在印度或南亞的印度人，就是拿香蕉葉當盤子來盛裝食物，第一次在印度餐廳吃到時覺得很驚奇，但想想台灣不就有很多香蕉、月桃跟芭蕉嗎？我們也可以來作作自己的香蕉葉盤子。

香蕉、月桃、野薑花都是台灣野外常見的好用植物，只要把它們的葉子摘下來稍加清洗，不管是打包飯、菜、水果或是小點心，都剛剛好！

出門前，帶著已洗淨晾乾的香蕉葉來包飯糰。

在戶外，可以用香蕉葉當餐墊，配上大葉欖仁或是麵包樹葉的托盤，準備開動吧！

Playing Ideas 23

與花草樹木遊玩的自然遊戲

香草茶

薄荷、芳香萬壽菊等香草植物，無毒且常見，只要輕輕的摘下一點，泡在熱水中，好喝的香草茶就完成了。平常也可以種在家中、曬乾後放在冰箱，有需要時便可以放在水壺中帶出門。

芳香萬壽菊

薄荷

龍船花圈

龍船花在公園、校園、人行道都相當常見，特別是在大風及雨後會有不少花朵掉落，帶著孩子一起尋找龍船花的蹤跡吧！小花中間有個細細的小孔，將花蕊抽掉，一朵花插入另一朵，花兒們排起隊來成為一長條，就是漂亮又自然的美麗飾品嘍！

自然遊戲好朋友——雨水

帶孩子的生活中，有好一段日子天天都是穿著雨衣和孩子一起外出，是清明時節雨紛紛，抑或是春天尾巴開始的梅雨季。我們會尋找可濺起水花的大水窪，在裡頭跳水、踩水；我們會尋找枝葉伸手可及的樹下，拉一拉樹枝，讓雨水滴滴落落地打在孩子們的雨衣上；我們會尋找蝸牛的身影，每當雨水濕潤了大地，就是牠們外出逛大街的時候。

有一次跟二、三歲的孩子一起被雨水與柏油路的共同創作驚豔——孩子撿起一片大大的麵包樹葉，卻發現地上還有一片一模一樣的葉子呢！

Summer

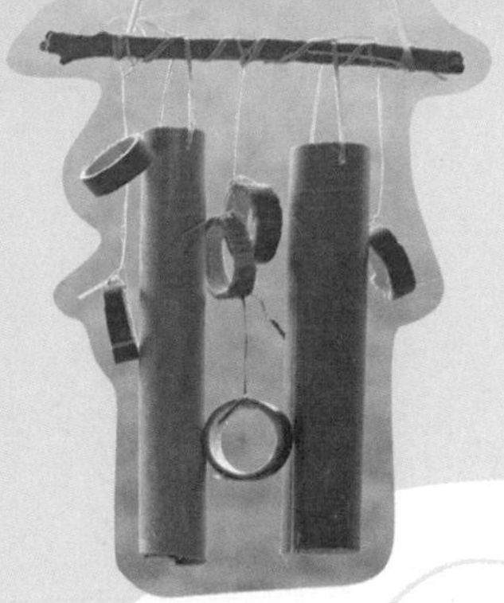

PART 3

四季的自然遊戲

夏

夏

立夏象徵夏天開始，
從小滿到芒種，梅雨季未停，
雨水飽滿土地、灌注溪流、涵養水庫，
直至夏至——
這天太陽陪伴我們好久。

小暑、大暑後，天氣越來越熱，
樹枝上知了吟唱，
一場午後大雨結束後，道路變成小溪，
隨後而來的太陽烤熱了地面，
這時，清澈的小溪、竹林
讓我們有機會躲避火熱的追捕，
好好沁涼身心，在炙夏後，
感受孩子的成長。

Part 3

四季的自然遊戲

夏

在夏天，
台灣從梅雨季逐漸進入到典型的夏季氣候，
這是變化多端的季節，
有時熾熱的讓人難以忍受，
但試著從冷氣房走出來吧！
帶著孩子一起在夏天的自然中盡情遊戲。

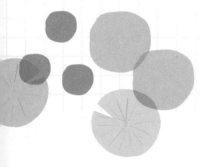

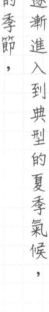

夏的遊戲

台灣的夏天就像是一場多變的戲劇。從梅雨季開始，逐漸進入台灣典型的夏季氣候，早晨太陽出來之後溫度逐漸升高，等待著午後一場雷陣雨帶來的豐沛雨量，撐再大的雨傘都會被淋成落湯雞，伴隨的打雷肯定會讓一些小孩嚇得驚聲大叫。

或是隨時都可能侵台的颱風，一陣大風、大雨就有可能改變山林原本的樣貌，在氣候變遷的現代，我們時時因為過於炙熱而躲進冷氣房中，但那樣清涼的感覺對身體也是負擔，反覆的冷熱交替只會讓孩子更常躲回涼爽的房間裡，除了對身體不好之外，也少了感受環境的機會。

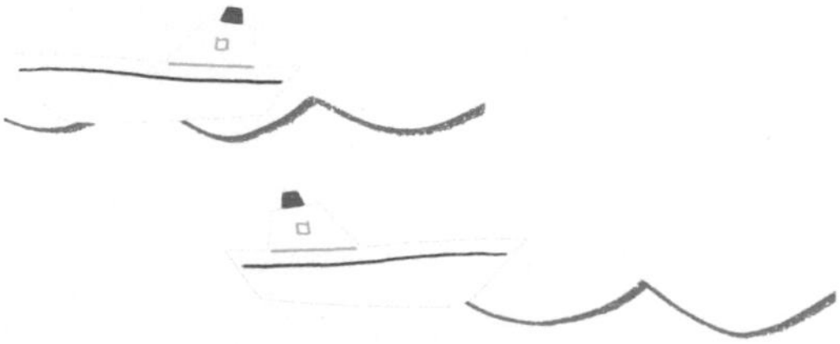

夏

事實上，野外的山林、溪水跟都市叢林的火熱柏油比起來可是清涼不少，帶著孩子在野外遊戲，不只減少能源的消耗，也讓孩子的身體更懂得如何適應這份燥熱，學習與夏天共處。在夏天，我們以水、竹子為元素，一起來看看幾個在夏天可以玩的遊戲吧！

丟石頭

陽光灑下，穿過了高高的枝葉，映照在水面上的光影如詩如畫，望著這樣一閃一閃的溪水，孩子會先看到什麼呢？石頭，溪底大大小小奇形怪狀的石頭，與一歲多的孩子遊戲，可以從大人的示範開始，拾起一顆水裡的石頭，往安全的水面丟出去，此時「咚！」的一聲，便是孩子透過感官認識世界的經驗。對聲音感到好奇，對於能自己創造出聲音感到有能力，孩子便會不斷地重複著撿拾、丟擲的動作。世界上沒有完全相同的兩顆石頭，孩子丟出去的每一顆也都不同，自然會發出不同的聲音、濺起不同的水花，每一種組合都是不同的驚喜。有一次，三歲的孩子朝著水深處丟了一顆石頭，發出了又低又厚的「咚」一聲，孩子說「噗～石頭在放屁！」，孩子將自然產物與生活經驗連結，用自己的經驗去解讀事物，添加一些想像就能讓簡單的事情更有趣，我想石頭不僅會放屁，還會打嗝呢！

Playing Ideas 26

嘩啦啦玩水的自然遊戲

腳丫與水的邂逅

較謹慎或敏感的孩子，初到溪邊會先站在岸上觀察，看水流、看地形、看旁人，但也有看到水就只想衝進去玩的孩子。帶著孩子到溪邊時，就算只是不到腳踝的淺淺水灘，也能跟孩子一起動動腳，看看我們使得力道如何影響著水。即使是一兩歲的孩子也能在水中踏步、踩踩腳，感受水波流動腳邊的觸感，過程中他們會感受到自己的力量帶動著水波，知道自己的身體可以對環境造成影響。

到了三歲，孩子稍微會跳一跳，跳與踩又有不同的感覺與效果。在水中跳著並濺起更多水花，享受著偶爾被噴濺到的刺激與冰涼，也能幫助觸覺較敏感的孩子，試著以遊戲的方式開懷面對皮膚被水花濺到的感覺，從一點一點的小水滴開始，讓孩子不害怕碰觸到水，逐漸的感到安心。隨著成長，孩子會玩的遊戲逐漸增加，笑臉與遊戲的心也因此不會間斷。

我跳！

石頭積木

撿到了大大小小的石頭，還可以拿來作什麼呢？試著在淺灘中堆疊石頭，圍出一個小圈就變成了溪流裡的小小池塘，把捕撈到的蝌蚪、小魚暫時放在池塘中觀察吧！或試著將石頭排列成一長條，作為一輛火車；而方正或平平扁扁的石頭，不妨大家一起來挑戰可以疊幾層樓，此時自然融入了大小與數的概念。至於手部肌肉已足夠穩定的大小孩，就訓練一下專注與意志力，來挑戰蓋一座石橋吧！隨手拾得的石頭是自然中最多變的積木，建構完也別忘了把石頭還給大地唷！

Playing Ideas 28

嘩啦啦玩水的自然遊戲

煮一鍋泥巴湯

找出已經陳舊的鍋碗瓢盆，跟孩子一起當起主廚吧！一點水、一點泥土泥沙，攪拌後加入一些雜草、幾片葉子、幾朵花，好喝的野菜湯便完成了！

不夠的話再找些石頭煮碗貢丸湯吧！有些孩子口袋菜單較多，還主動找了葉子作為盤子，將鹽烤石頭擺盤。孩子在扮家家的遊戲中練習著舀湯、夾取、端碗，而製作料理時家長可以試著口述過程與調味，幫助孩子更貼近日常，知道食物不是憑空出現。有你陪伴的煮食遊戲，在往後孩子參與真實的烹飪時會更上手，也更能享受一同準備食物的樂趣。

葉子小船

風兒輕輕親吻青葉，熟了的黃葉、紅葉隨著風的流動而被吹落，找找看喜歡的葉子，放進水流中，像艘扁舟般地前行，或將葉子的兩側摺起，插入樹枝固定，船的雛形就形成了，這樣的小船比扁舟更堅固呢！小船載著遊戲的童心，會遠行到哪裡去呢？

1 找到一片野薑花葉，將他的底部對折，剪成三片。

2

把中間立起來，左右兩片互相插入。

3

用樹枝把它們串起來固定，另一端也是相同步驟，兩端都作作好後，
來看看小船可以漂多遠吧！

自然遊戲好朋友——竹子

竹子是生長快速的植物，以前經常用來作為玩物與日常用品。在台灣的山林中，竹子也是四季常見的植物，如果你遇見一片自然的竹林、或是有認識的農家、材料行，取得竹子不是難事。夏天時，也可以在竹林找一找，看看能不能找到從土壤裡冒出頭來的竹筍，用鏟子、鐮刀等就可以收割好吃的竹筍，只要熱水燙過就是最好吃的夏日美食。

挖完竹筍後一起來看看竹子可以怎麼玩吧！竹製玩物的製作過程須用到鋸子、鑽頭等五金工具，家長可依孩子個人發展程度給予適當任務，例如：小小孩可幫忙抓住固定竹子，大小孩可戴上手套在大人陪伴下試著鋸竹，如果要練習剖竹，則是可以在剖刀已砍進竹子後，由孩子負責敲敲敲將竹子剖開。隨著孩子年紀與能力的累積增長，能夠協助的事情會更多，大人適當的陪伴與放手，也會讓孩子在遊戲中萌生出更多的信心與能力。

1、2、3！將鏟子置於竹筍下方白色的深處，將它砍斷割下來。

竹林中冒出頭來的綠竹筍。

鋸子　大鏟子　小鏟子

嘩啦啦玩水的自然遊戲

Playing Ideas 30

小小匠人動手作

尿尿竹子（單孔竹筒）

工具：鋸子、鐵槌＋鐵釘／電鑽

鋸一段竹筒，留下一端的竹節，在竹節底部鑽洞——可用手搖鑽、電鑽，或是用鐵鎚跟鐵釘敲出小洞。

鑽好洞的竹子裝水之後當然會漏水，但是如果用手罩住、嘴巴往內吹氣，就能製造出細細的水柱，不管是哪種方法，都像是水槍又像竹子在尿尿，一起來看看誰的水柱吹得比較遠吧！或是在前面放一個小容器，挑戰將水柱吹到容器內，練練肺活量吧！

Playing Ideas 31

竹筒蓮蓬頭

工具：鋸子、鐵槌＋鐵釘／電鑽

如果有較粗的竹筒可以在底部鑽上好幾個洞，裝水之後多條小水柱從底部散流而出，就變成每天洗澡用的蓮蓬頭啦！不管到溪邊、海邊，還是在家裡浴缸，都適合帶上這最天然無塑化劑的水玩具。

竹筏

工具：鋸子、繩子／長束帶

一根根的竹子丟到水裡是沉還是浮呢？根據鋸的位置不同，在竹節處或是中空處鋸斷，會不會有不一樣的結果呢？和孩子一起實驗看看，接著就一起來作個竹筏吧！

記得鋸竹時要選在兩端都有竹節的地方，才有足夠的空氣讓竹子浮起來，數量差不多後，用繩子綁住竹子固定在一起。不會綁的話，束帶也是簡單好用的材料。

自製竹筏可能不夠支撐一個孩子的重量，不過一邊用腳移動、一邊有人力拉船，都是很有趣的乘船遊戲。我們可以帶著孩子多實驗幾次能夠成功划行的方式，也可以單純享受製作的過程，只要是一起遊戲、工作，都可以很開心。

與花草樹木遊玩的自然遊戲

Playing Ideas 33

小小匠人動手作

箭筒＆弓

工具：鋸子、繩子、鐵槌＋鐵釘／電鑽、砂紙

武器類的玩物對男孩來說總有一種獨特的魅力，試著減少生活中的現成玩具，一起帶孩子自製弓箭吧！

1. 從鋸竹子開始，首先先找到年輕的竹子（枝條比較少的），依孩子身形鋸下適合的弓長，剖開形成長竹條，接著在中央加上小段竹條使弓更強韌，繼續在兩端刻出凹槽，綁上繩子。竹片邊緣可用砂紙處理平滑。

2. 以竹枝作箭，尾端刻凹槽方便抵住弓弦，前端可以用布綁起來，以免發生危險。

3. 取一竹筒，在上方兩端鑽洞，綁上一段繩子作為背帶，即是箭筒。

一整套的弓箭組就完成啦！背上箭筒更是帥氣，特別注意的是，完成後要先教導孩子往沒有人的地方射箭，先有足夠的安全教育，才能玩得安心又開心。

我是小弓箭手

Playing Ideas 34

竹掃把

工具：鋸子

掃地這件事聽起來無聊又累人，但是若能用上自己製作的掃把，是不是增添了許多趣味與成就感呢？取一段適合孩子身高的竹子，去掉下端的竹節，插入一把竹枝，或是綁上一把種子脫落的芒草莖，可以掃地、可以變身小魔女或是變身成哈利波特去抓金探子，作一柄掃帚來發揮想像力吧！

Playing Ideas 35

套圈圈

工具：鋸子

中空的竹子鋸成一小段一小段，就成了許多竹圈圈，為彼此設置一些目標物，一起來玩套圈圈吧！遊戲中孩子會練習到手部肌肉的使用，拋擲與力道的拿捏，熟練之後再慢慢把距離拉遠，套零食、套交換禮物、套壓歲錢……等等，是個適合很多人一起玩的遊戲。

滾竹筒

工具：鋸子

對小小孩來說，簡單的事物便能引起他們的興趣，讓一段段的竹筒躺下來「叩嘍叩嘍」的沿著斜坡滾下去吧！為什麼竹筒會滾下去呢？有些孩子在觀察時甚至會低下頭，好像自己都要滾下去了。

對於身體掌控能力還不好的小小孩來說，身邊很多的大小事物都是年紀比他大的「大人」在作的，但是眼前這個可以由自己控制的事情，就像是發現新大陸一般，只需要滾動就能夠讓他們很滿足。滾竹筒、撿竹筒、爬上斜坡，這樣一再地循環著，慢慢觀察到高低差、認知到東西會往低處去，竹筒滾動的同時，也同時應證了孩子腦袋瓜裡的想法與預測：

「啊！真的滾下去了，跟我想的一樣！」

孩子還不會表達，但是的確能夠這樣思考的！大一點的孩子能夠試著瞄準，讓竹筒滾下斜坡時試著打到一些目標物，或是一路追著竹筒也會讓孩子樂不可支，只是要注意跑步下坡的話，跌倒時可是較容易擦傷的！

啊！真的滾下去了

嘩啦啦玩水的自然遊戲

小小匠人動手作

Playing Ideas 37

手提小水桶

工具：鋸子、剖刀、鐵槌＋鐵釘／電鑽

小水桶的製作需要成人較多的協助，先取一段有底的竹筒，確定桶身高度後，在桶口上緣兩側分別鋸出開口，並預留中間的提柄部分不鋸。用剖刀去除上半部兩側竹片，作出提柄，接著在上端各鑽一個孔洞，插入細竹枝作為提把，即完成竹製小水桶嘍！提著自己的小水桶，裝花、裝石頭、裝果子，一起在自然中遊戲吧！

1

鋸出長度適合的竹子。

2 在決定好的桶口處兩側，分別鋸出開口。

3 剖開兩側多餘部分後，在上方各鑽一個洞。

4 插入細竹枝便完成了！

嘩啦啦玩水的
自然遊戲

小小匠人
動手作

Playing Ideas 38

水勺

工具：鋸子、鐵槌＋鐵釘／電鑽

短短的竹筒，鑽個洞、插入把手，便是在日本神社中常見的水勺啦！帶著水勺，孩子會喜歡作什麼呢？作湯勺、澆水、洗腳、又潑又灑，較大隻的水勺倒過來彷彿一隻竹馬，跟孩子來一場騎馬打仗吧！

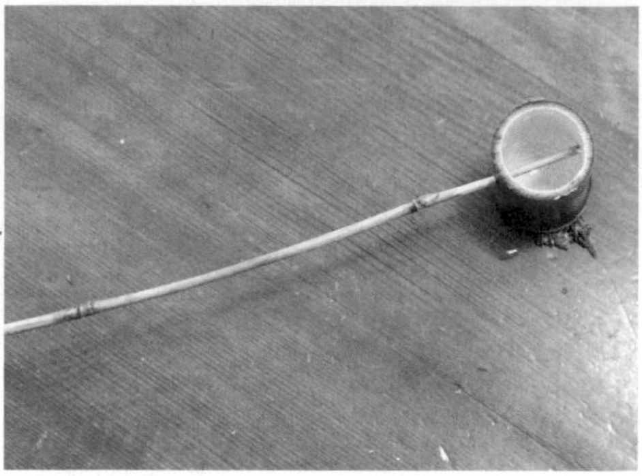

TIPS 在竹枝抵住的竹筒內側鑽一個凹洞，不用鑽破，只是讓竹枝有更安穩的固定。

Playing Ideas 39

與花草樹木遊玩的自然遊戲

吹子彈

工具：鋸子、砂紙

跟尿尿竹子很像，在生活中我們常常會看到很多小果子，像是榕果、薏苡，或是各種不知道名字的小果子。只要鋸一根與它們直徑差不多，且兩端沒有竹節的竹子，一邊對著嘴巴，一邊裝好子彈，就可以來比看看誰可以吹得最遠！或是來一場熱鬧的吹子彈大戰吧！

準備兩邊沒有竹節的竹子跟一大堆果子當子彈

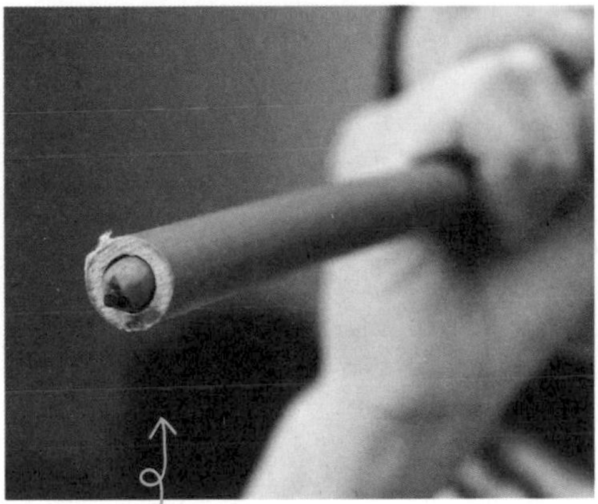

呼！用力一吹，子彈就飛出去了。

Playing Ideas 40

望遠鏡

工具：鋸子、繩子、彩色玻璃紙、砂紙

從脖子上掛著的繩子，拿起一隻小竹筒，從竹筒的洞洞裡可以看到另一頭的小臉蛋，而從竹筒看出去的世界則是變得圓圓小小。如果在竹筒的一端罩上五顏六色的玻璃紙，即可為眼中的世界添加色彩，試試看作出七彩望遠鏡跟孩子一起探索顏色吧！

竹餐具

工具：鋸子、剖刀、砂紙

竹子除了作為玩具，在日常生活中也很好用哦！細細的竹枝適合作為吸管，只要把兩端磨平、吸管中間刷乾淨，就作好一個吸管了。粗粗的竹子適合作成杯子，鋸出平平的底部，磨平杯緣，來品一杯帶有竹香的茶水吧！更粗的竹子則適合作餐盤，將竹子剖開成為寬竹條，平放下來就是個雅緻可愛的小盤子了。想想看適合裝些什麼呢？

竹沙鈴

將一些小石子、小果子之類的物品裝進竹筒，再找片大葉子摺疊後覆在竹筒洞口綁緊，搖一搖「叩叩叩」、「鏘鏘鏘」，就變成樂器沙鈴了。不同大小粗細的竹筒，搭配不同的內容物，例如：米、綠豆、沙子、碎石頭、薏苡等，就會產生不一樣的聲音哦！不妨跟著孩子一起唱首歌，配上這些天然樂聲吧！

準備一端留有竹節的竹子和薏苡、月桃葉、橡皮筋。

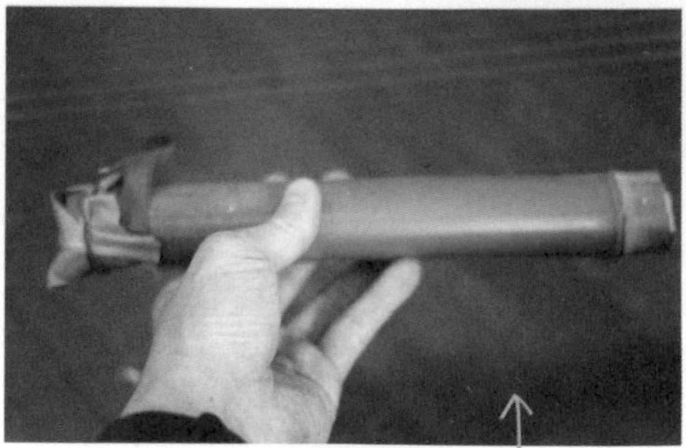

搖一搖，有聽到沙沙沙的聲音喔？

Playing Ideas 43

小小匠人動手作

小拉車

工具：鋸子、鐵槌＋鐵釘／電鑽、繩子、剖刀、砂紙

小車子可以說是孩子界中火紅的玩具！當孩子覺得家裡永遠少一台車時，不妨邀請孩子一起動手作！綁上繩子，拉著竹車一起去散步，就好像是孩子牽著自己的寵物一般呢！長一點的竹子還可以作出小貨車，今天要運送什麼東西出門呢？

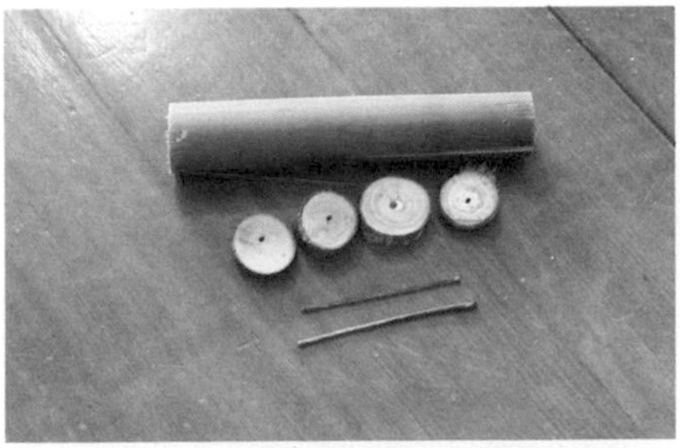

1 鋸一段竹筒當作車身主體。

2 鋸四個竹節或原木片當作輪子。

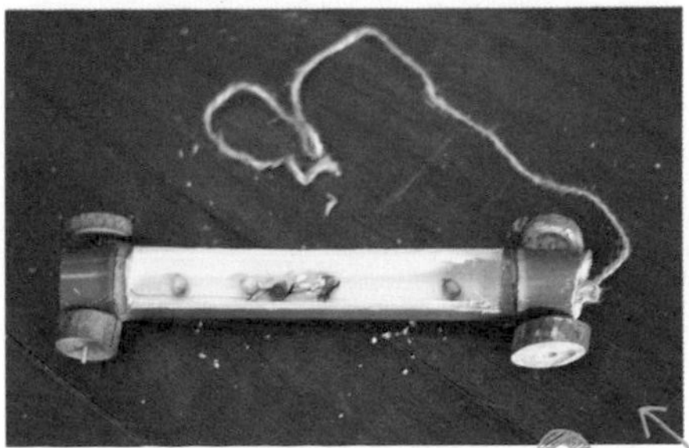

3 在車身與輪子上鑽洞，插入細竹枝固定，最後綁上拉繩就完成嘍！

如果選用竹節中間那段，剖開就變成小貨車了，孩子可以載些什麼呢？

竹風鈴

工具：鋸子、繩子、鐵槌＋鐵釘／電鑽

大竹圈、小竹圈，叩叩囉囉響叮噹，把大大小小的竹圈綁在一起，懸掛在一個風會經過的位置，看著它被吹動、聽著它被吹響，當你發現動靜時，就代表風來跟你遊戲了！

Playing Ideas 45

嘩啦啦玩水的自然遊戲

小小匠人動手作

救火消防員

工具：鋸子、鐵槌＋鐵釘／電鑽

長長的水管，接上一個在底部竹節鑽洞的竹筒，會發生什麼事情呢？打開水龍頭看看吧！哇～水柱射得又長又遠，為孩子找一頂帽子、一棟「想像建築物」，一起來上演消防隊員的救火大作戰吧！

Playing Ideas 46

敲擊樂器

「叩、叩、叩！」

鋸下來的長短竹子，孩子很習慣就會拿起東西來敲打，不同的音樂就這樣產生了。有的清脆、有的沉穩、有的大聲、有的小聲，除了發現這些不同的地方，一起想想可能的原因外，最重要的是跟孩子一同享受創造音樂的過程，一同感受敲擊的樂趣！

Playing Ideas 47

小小匠人動手作

踩高蹺

工具：鋸子、鐵槌＋鐵釘／電鑽、繩子、砂紙

古早味的童玩記憶中少不了踩高蹺，除了通常會使用的鐵罐、奶粉罐之外，又短又胖的竹筒也是適合作成踩高蹺的材料哦！

準備好兩個一樣長的短竹筒，在頂端兩側鑽洞，加上繩子綁緊就完成了，踩高蹺的製作一點都不難吧！讓孩子練習保持身體的平衡，手跟腳的協調，然後小心不要跌倒。

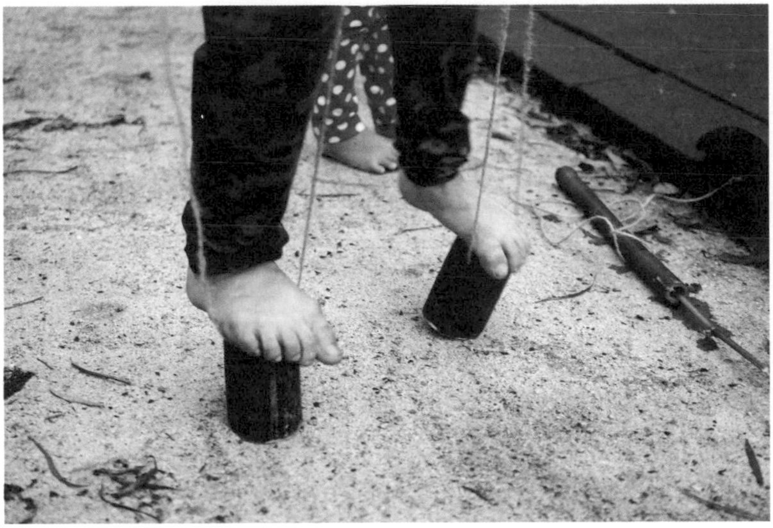

嘩啦啦玩水的
自然遊戲

Playing Ideas 48

小小匠人
動手作

竹水槍

工具：鋸子、鐵槌＋鐵釘／電鑽

只需要一根瘦瘦的竹筒，一根細的竹枝，加上一張濕紙巾跟橡皮筋，簡單的竹水槍就完成了。

竹水槍的操控方式對孩子來說需要一點練習，要在拉起推桿的同時注意到吸水孔得停留在水中，而且還不能一股腦地拉到底把推桿整個拔出來，因此手部肌肉的控制是玩竹水槍時的重點。作出數把竹水槍，來場射遠、射準大賽，在炎熱的夏天時開心戲水吧！

1
準備好竹筒、細竹枝、橡皮筋跟濕紙巾，細竹枝前端有節較容易製作。

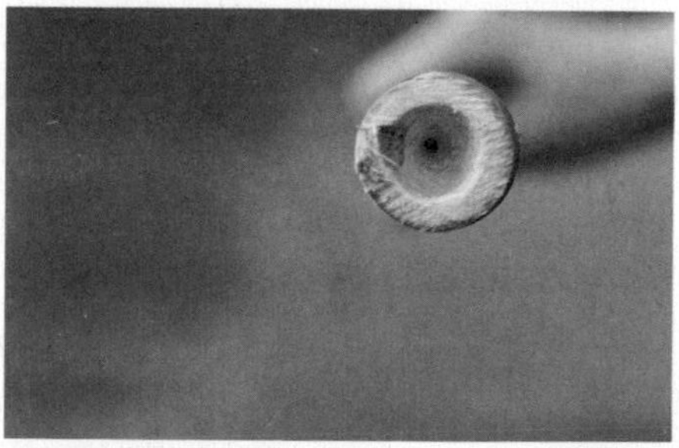

在竹筒前端鑽一個小洞。
2

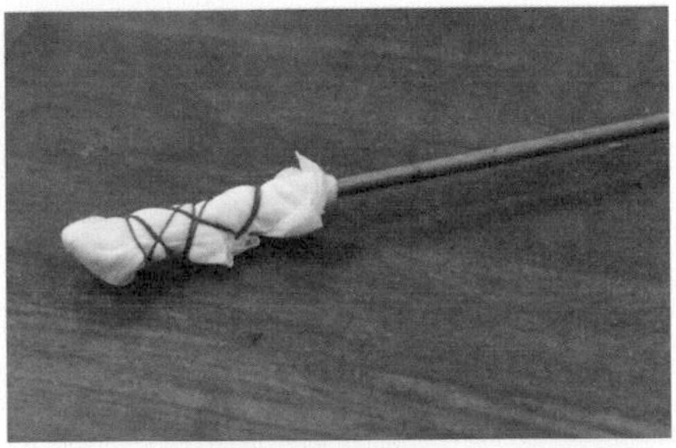

3

用橡皮筋把濕紙巾綁在細竹枝上，竹枝上的竹節或修短的凸出處能幫助橡皮筋綁得更牢，否則在抽拉竹枝時濕紙巾可能會脫落。

4

把竹枝插入竹筒中，將水槍放在汲水的容器內，將細竹枝往後一拉，就會將水吸入嘍！

將竹枝往前推，
水槍就發射啦！

保齡球

工具：鋸子

鋸下一段段的竹筒，一些當球瓶、一些當球，根據不同年紀的孩子來調整距離，滾啊滾、丟啊丟，看看你能打倒多少竹筒球瓶？

Playing Ideas 50

與花草樹木遊玩的自然遊戲

打棒球

帶著一段孩子握得住的竹子，到處走走尋尋。找找有沒有野生蓮霧樹的落果、楓香樹下的刺刺果、油桐樹的果實，或是馬拉巴栗的果子，隨手撿起便是練習揮棒的機會，全壘打的蓮霧在空中爆炸噴汁的過程更是讓孩子呵呵大笑呢！

但是務必記得，挑選一個安全不影響他人的棒球場哦！

釣竿

不同的釣竿適合不同的漁法哦！你喜歡細竹枝一體成形的釣竿呢？還是細竹竿綁上月桃繩子的釣竿？或是想試試看用自己喜歡的樹枝作出不同造型的釣竿呢？ 哪些適合揮桿、哪些更堅固不易斷，從自然中尋找材料來實驗看看吧！

「沒有魚鉤怎麼釣魚呢？」

對孩子而言，釣魚遊戲中是否能真正釣起魚不是重點。而是過程中的趣味性、遊戲性，以及能夠手持不同釣竿，看看誰的手臂比較有力氣，真的魚就讓牠們在水中悠游吧！

與花草樹木遊玩的自然遊戲

Playing Ideas 52

小小匠人動手作

投壺遊戲

工具：鋸子、剪刀

投壺是古時發展出來的一種投擲遊戲，也像是射飛鏢一樣。試著剪下一把細竹枝，設置好幾個不同大小、不同距離的竹筒，和家人友伴來玩投壺遊戲，看誰丟得最準吧！

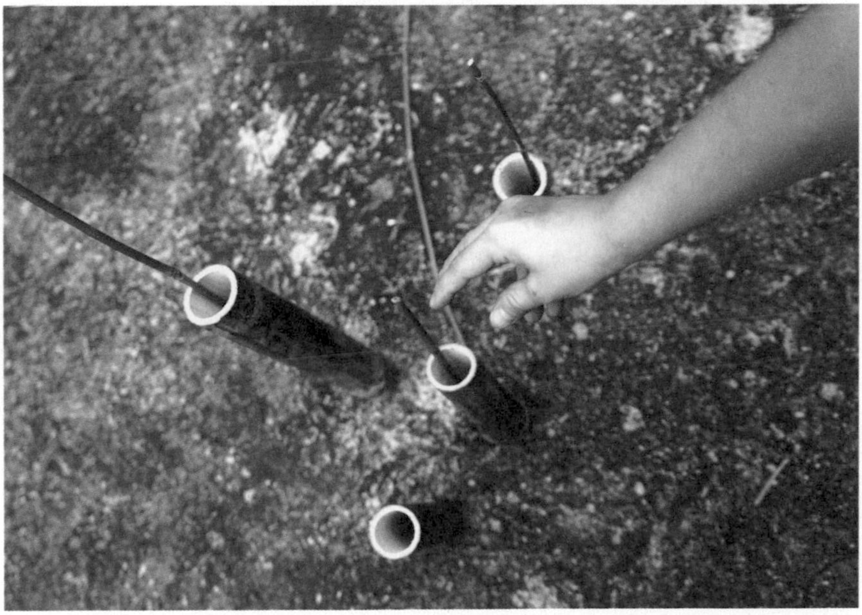

Playing Ideas 53

竹帳篷

幾根竹子、一塊土地，一起來當建築師吧！將數枝竹子插入泥土裡，上端朝中央集中交錯再綁起來，帳篷的基本骨架就完成了。接著再一起想想如何作出牆壁吧！像是一直提到的月桃或芭蕉葉，都是很好的屋頂素材。用線的編織、布的披戴、葉的遮蓋，跟孩子合力尋找生活中容易取得的材料，蓋出一頂獨特的帳篷。沒有竹子的話，用長長的樹枝也是很好的材料哦！

帳篷搭起來後，在底下跟炙熱的太陽玩捉迷藏吧！

夏

在家搭一個小帳棚，當作小孩的祕密基地。裡面可以藏什麼東西呢？

石頭粽子

（竹葉、月桃葉、野薑花葉）

夏末初秋野薑花開，滿山遍野的野薑花香氣撲鼻，但是在這個氣候變遷不穩定的時代，總是會看到不合時宜的野薑花綻放。帶著孩子們聞一聞，感受一下屬於自然的甜美香氣。在端午時節，不時會看到有人在販賣野薑花粽、月桃粽，或是一般的竹葉粽。

對孩子來說，將葉子變成甜筒狀、盒子狀，再用繩子綁起來，就會是一個假裝的粽子了。如果有時間，不妨放入少許的米飯、小熱狗、香菇等素材，簡單蒸煮過後，就是真正好吃又好玩的小粽子嘍！

1

將月桃葉往下摺。

2

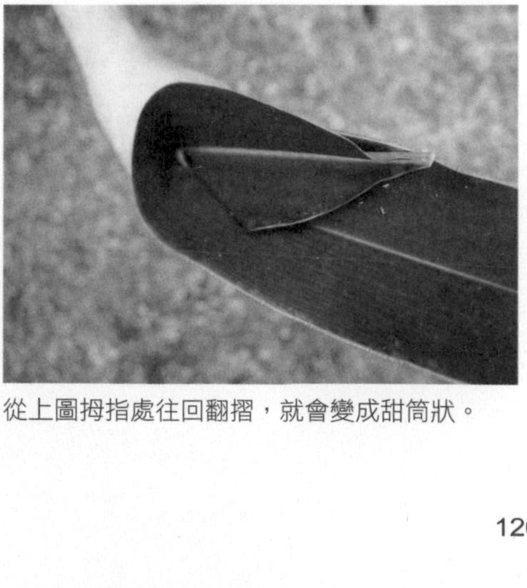

從上圖拇指處往回翻摺，就會變成甜筒狀。

2

「要加入什麼呢？」
「我想加入剛剛撿到的果子、樹葉跟小石頭。」

3

細心的把它們都包起來，注意不要漏餡喔！

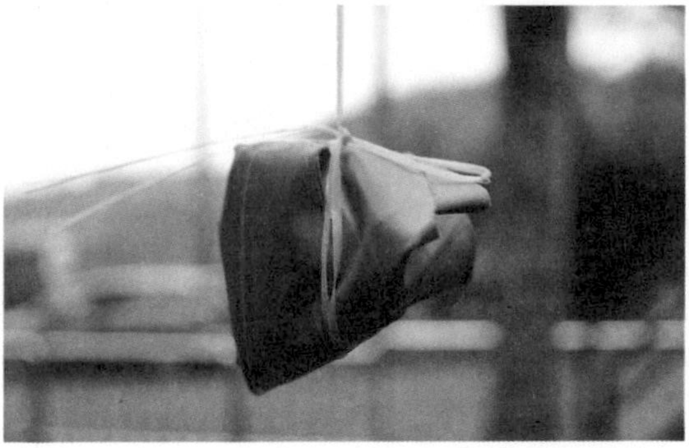

4

再用繩子綁好，好看的小粽子就完成了！

Playing Ideas 55

姑婆芋傘＆水瓢

姑婆芋是低海拔地區的常見植物，傳統市場內很多人會拿來鋪在魚類等水產底下，因為它富有油脂的葉面本身可以防水，又能夠透出底下的冰塊涼度，達到保鮮的效果。對於姑婆芋的認識，多數人見到會說它有毒，不讓孩子碰，但它的毒在於汁液會讓皮膚搔癢難耐，以及底部的芋不能吃。因此在遊玩前提醒孩子注意不要碰到有汁液的地方即可，若是不慎碰到而發癢，只要多多沖水，過段時間便會好轉，或是冰敷也能減緩搔癢不適感。當然，更不要因為根部太像芋頭而搞錯誤食。

只要能夠具備安全的知識，有一點危險的素材還是可以拿來使用。

連著葉柄砍下一枝姑婆芋葉，自然而然地握住葉柄就變成了一把雨傘，像不像拿著葉子的龍貓呢？在晴天遮陽、在雨天擋雨，不論晴雨都是適合玩姑婆芋的。另外，來試試看製作一個水瓢吧！找一片比較大的葉子，彎曲摺疊後立刻變身為一個容器，讓愛玩水的孩子愛不釋手。

小心不要誤食喲！

1

取一支姑婆芋葉

夏

2

將姑婆芋倒著拿，葉尖處往上摺。

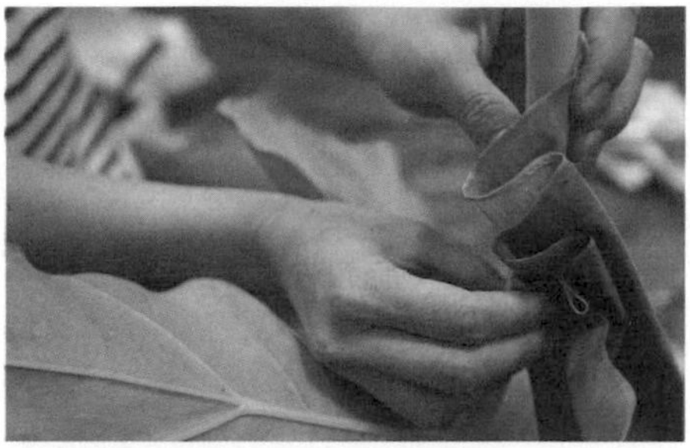

將葉尖處兩側的葉緣一一收束摺疊。

3

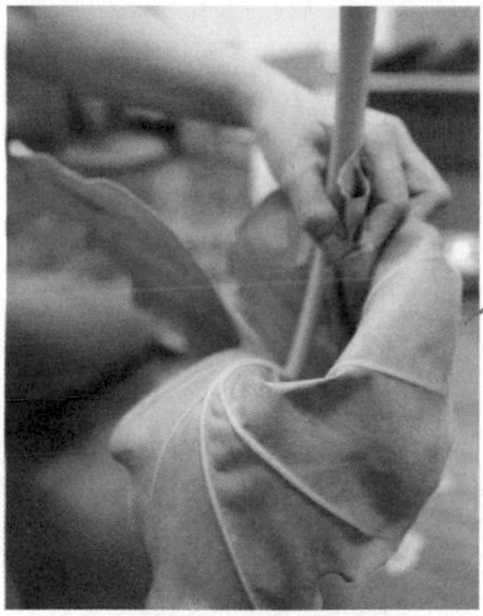

4

摺疊直到愛心形的地方，收攏後抓住固定，別忘了另一邊也要摺喔！

5

兩邊都收攏後，綁起來就完成了！

6

看！真的可以裝水跟倒水。

嘩啦啦玩水的自然遊戲

小小匠人動手作

水利工程師——一起吃流水麵吧！

工具：鋸子、剖刀、鐵槌、刻刀

我們利用竹子作了很多東西，想想，日本不是也有把竹子拿來作為水管的流水麵嗎？只要把剖半的竹子，用槌子敲掉中間的結，搭在溪水上就會變成小小的水管，搭配飲用水就可以放上煮好的素麵、拉麵、麵線等。準備調味好的醬汁，就是好吃又好玩的流水麵。

在溪邊，也可以試著丟入葉子或細繩，跟小孩用手作的竹筷子來比賽，看誰可以接到最多的東西吧！

1

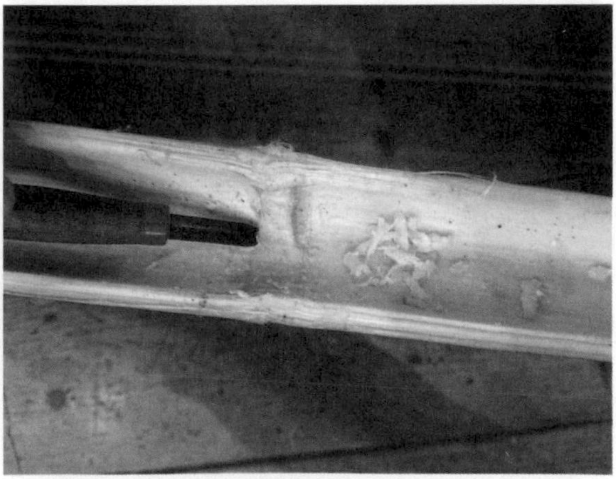

利用雕刻刀削平中間的竹節。

2
接上飲用水，真的試著來吃流水麵，
看看孩子能夠撈到多少麵條呢？

3

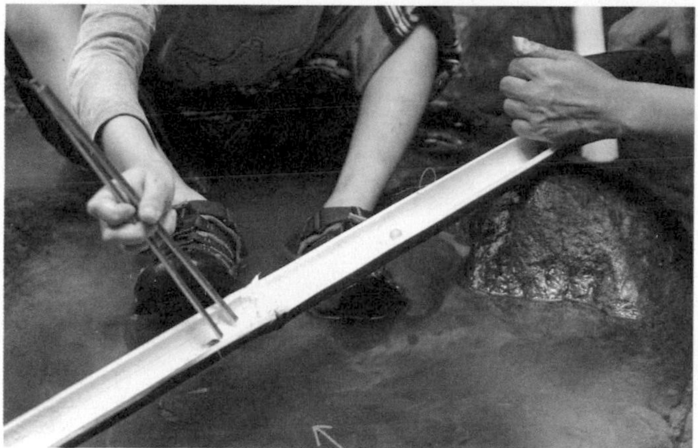

就算沒有真的麵條可以吃，在溪邊，用樹葉、果子玩流水麵，看看誰可以夾到果子也很好玩。

Fall

PART 4

四季的自然遊戲

秋

秋

立秋後逐漸要跟夏天說再見，
處暑後，火熱的日子已逐漸減少，
在早起時的點點露水中，白露已經到來，
白天與夜晚在秋分時各分一半，
在寒露、霜降後，氣溫開始慢慢下降，
秋天準備謝幕。

秋天，
看那豔黃的陽光灑在山林間，
枝葉上照出美麗色彩，
到訪的風兒帶來些許涼爽，
土地上可以找到植物落下的果實、落葉，
或是滿山遍野的芒花。

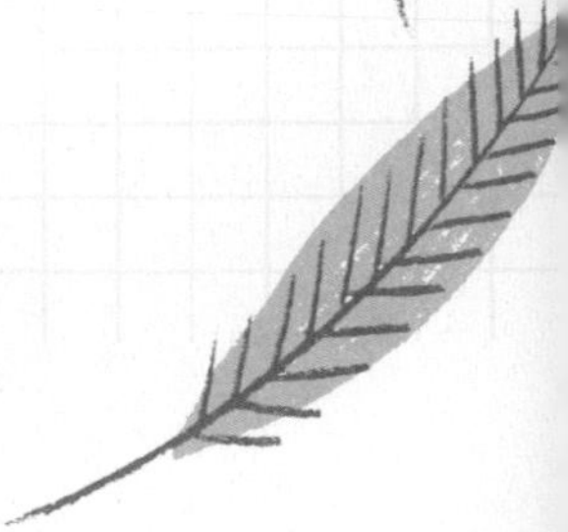

秋

秋天，可能是台灣一整年最舒服的季節了，
即使不時有秋老虎或颱風，
但這時的陽光不再讓人不耐，
而午後涼風徐徐。
雖不若高緯度國家的滿山楓紅，
但是撿拾地上自然留下來的禮物也很有趣，
一起來看看，秋天可以玩什麼自然遊戲吧！

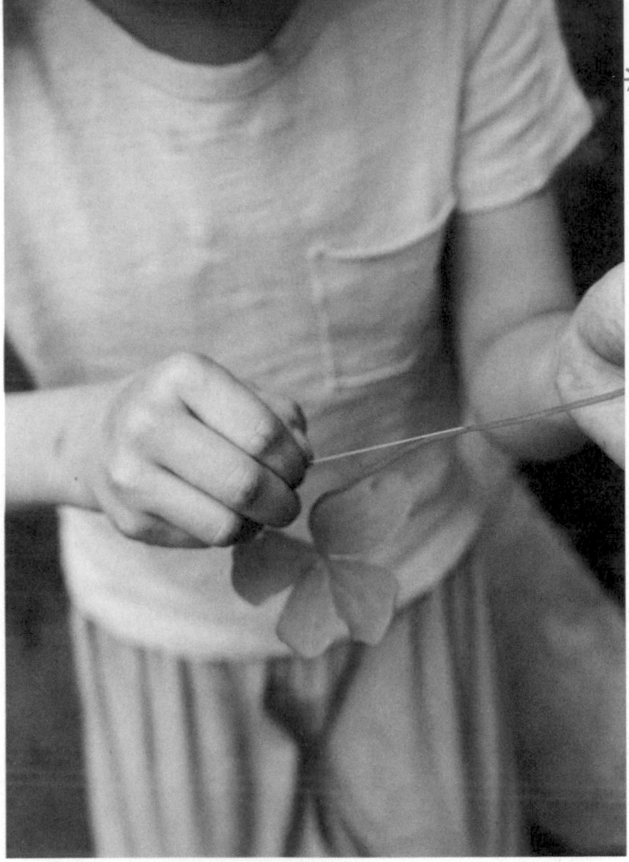

秋・的・遊・戲

如果問起四個季節我最喜歡哪個季節，那肯定是非秋天莫屬。

我還記得小時候，最喜歡秋天時涼爽的天氣，午後斜陽照耀在樹林枝頭上的黃紅光芒、帶著紅光的鮮黃大地，即使沒有楓紅的山頭，也被染成一片美妙的色彩。小溪、河流、大海，映照著蔚藍晴空的美麗景色，而天空也不遑多讓，渲染成五顏六色的色彩，有紅、有黃、有紫、有藍，迎著微風，感受著一年中最舒適的季節。

秋

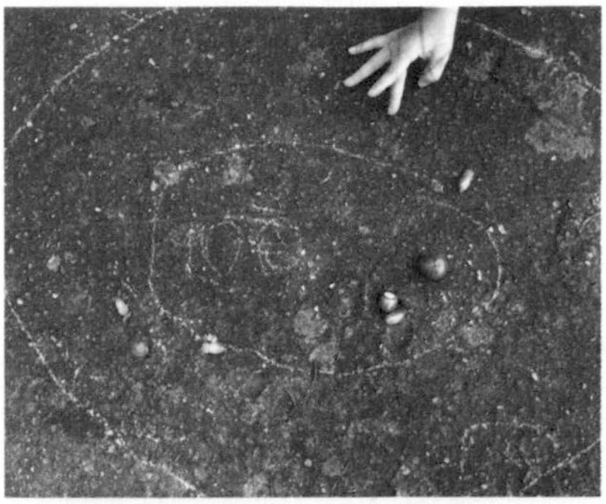

這時颱風雖然沒有像夏天那樣頻繁，但是捉摸不定的秋颱反而更加麻煩，伴隨而來的大雨，有時甚至像是提早揭開冬天的序幕。在這個冷熱交接的季節，我們以落葉、莖、種子為元素，一起在秋天遊戲吧！

月桃繩子

月桃是台灣山林很常見的植物，隨手可得的月桃因為材質堅韌，是原住民經常拿來作為繩子的材料，也會編織成漁網，可見月桃莖的堅韌。

砍下一段月桃，葉子摘除後不要丟掉，留下來還有很多遊戲可以玩。接下來大力敲打、摔打月桃的莖，這種有點破壞感的工作，對小孩來說一定玩得很開心，大人也可以跟著敲打，對於平常壓力很大的大人也會有紓壓的效果。但是請小心別太用力而把月桃莖都敲斷了啊！

其實這可不是只有破壞而已，不久後會發現月桃莖變成絲狀的纖維，這時只要將兩到三根莖條纏繞成一條，或是以三股辮的方法編織，就可以變成堅韌的繩子了。用月桃莖編織不只是訓練孩子們的手眼協調，也可以讓他們更專注於眼前的工作。

你看，不用多久，一條條獨特的月桃繩子就完成了，而且蔭乾之後可以保存很久不會壞掉。

台灣隨處可見的
一種月桃

1

取一支月桃葉

秋

2

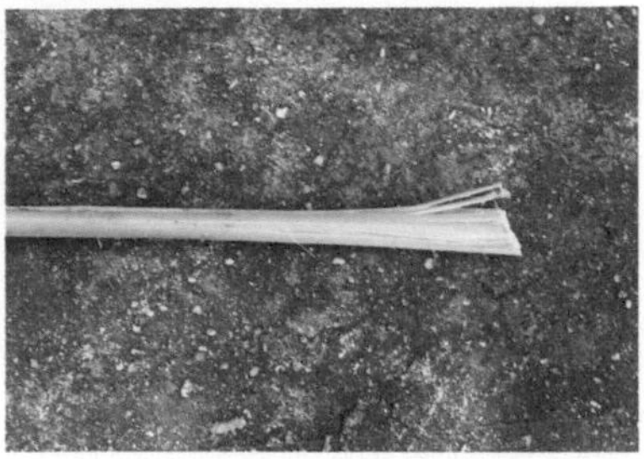

拉著葉子的尾端，然後用力在地上甩打，或是用石頭敲打，看看有什麼變化吧？

用竹子敲也可以喔！

3

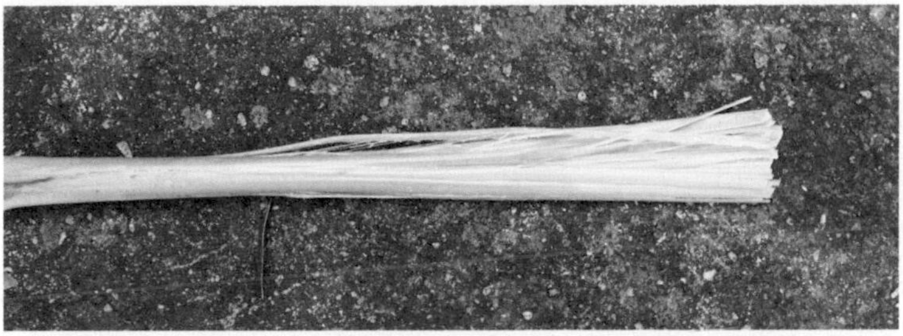

這一絲一絲像玉米鬚的，就是繩子的材料。

4

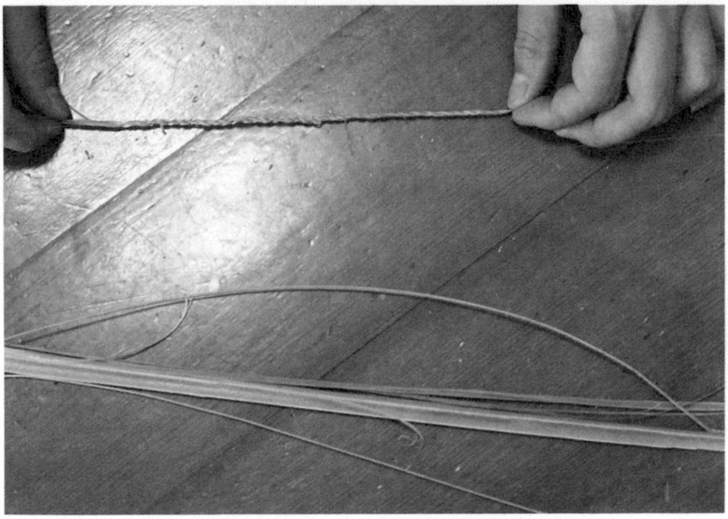

抽出兩到三條絲，用纏繞或綁三股辮的方式就可以讓它更堅固。

蝴蝶結

月桃長長的葉子，除了之前在春天時提到可以簡單作出草裙（P.68），還可以作什麼呢？挑選一片自己喜歡的葉子，將兩端往中間摺，雙手固定住葉子中間並作出摺痕，再綁起來固定就是一個漂亮的蝴蝶結啦！如果有紅竹，還能作出紅色系的蝴蝶結哦！作成髮帶、領結、腰帶、掛飾等，都各有風味。

1

將葉子兩端往中間摺。

2

上下兩側往中間收攏。

3 用繩子綁起固定。

4

好看的蝴蝶結就完成了！

野薑花鳥笛

野薑花除了花很香、葉子可以拿來包成粽子之外，他的苞片也可變成好玩的鳥笛喔！先將苞片摘下來後，會發現裡面有很多小蟲，所以別忘了用飲用水清洗乾淨。

將苞片對折放入口中，輕輕用嘴唇抿著，試著輕輕吸或吐氣，這時就會產生出各式各樣優美的鳥叫聲。試著用快、慢、吸、吐都會有機會產生出截然不同的聲音。

秋天的野薑花
又香又漂亮

1

在秋天散發淡雅香氣的野薑花，白花底下像是鳳梨的，就是它的苞片，摘下來時別忘了把裡面洗乾淨。

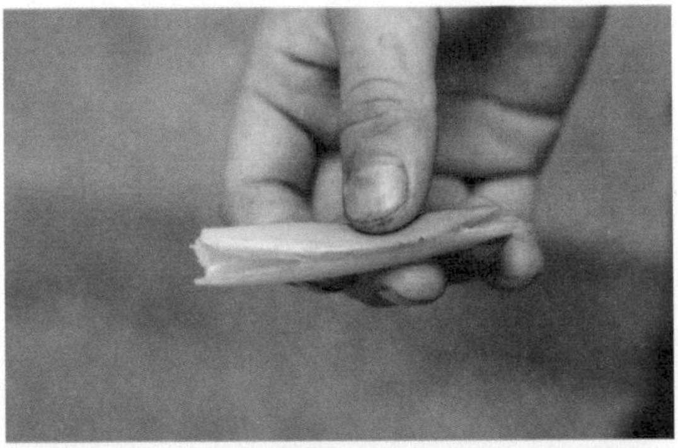

2 對摺之後，就是等等要放在嘴巴裡的樣子，注意到它透明的邊緣嗎？

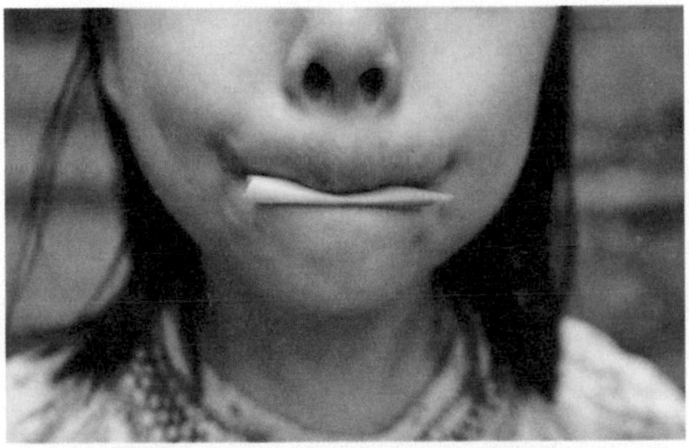

3 以嘴唇輕輕抿住，試著吸氣跟吐氣，看看可以作出幾種不同的聲音。

TIPS

如果發不出聲音，可能是嘴唇抿太緊了，所以邊緣無法震動，試著用吸吸管的感覺，把它包起來又不會把它壓扁，讓空氣可以從中間流過，震動苞片邊緣的透明薄片產生出聲音。

Playing Ideas 60

葉子面具

生活中藏著各式各樣大小、形狀的葉子，其中像是印度橡膠樹或者麵包樹，它們的葉子甚至比小孩的臉還大，掉落在地上時經常吸引孩子撿拾，可以拿來當作面具、扇子、雨傘，或是來玩玩影子遊戲。給孩子一把剪刀，在葉子中剪出圖案，用陽光與影子來作畫吧！

只要在上面挖幾個小洞，就變成漂亮的樹葉面具了！如果有時間，可不可以在上面加上一點小裝飾呢？你又會作出什麼樣的面具呢？

也可以用葉子面具玩光影遊戲，讓孩子看看不同形狀的光影變化吧！

Playing Ideas 61

與花草樹木遊玩的自然遊戲

頭冠

一大片的月桃葉、小巧可愛的月桃花苞或花朵，除了拿來包粽子之外，還可以作什麼呢？事實上只要連莖一起簡單的對摺，將多餘的莖纏繞或綁起來，放在頭上就是一個簡單的頭冠了。如果想要作得漂亮一點呢？那就利用月桃繩子的作法，用綁的方式來製作吧！你看，變成一個美麗的頭冠了。

月桃頭冠

隨手摘的藤與蕨類，只是經過簡單的綑綁，也可以變成好看的頭冠。

蕨類頭冠

葉子風箏

風箏需要足夠大的面積來增加風阻，在大自然中有什麼植物適合當作風箏呢？ 試試看麵包樹熟落的葉子吧！將粗硬的葉梗稍微削薄一點，使用針線穿過葉子，將線綁上小樹枝固定，嘗試作出兩條線、三條線或四條線的風箏，是不是都能乘著風飛翔呢？

另外再製作具有骨架以及附有飄帶的風箏吧！不同結構的葉子風箏都能飛起來嗎？跟孩子找一處草地盡情奔跑，進行實驗吧！等待風來臨，和風一起玩耍吧！

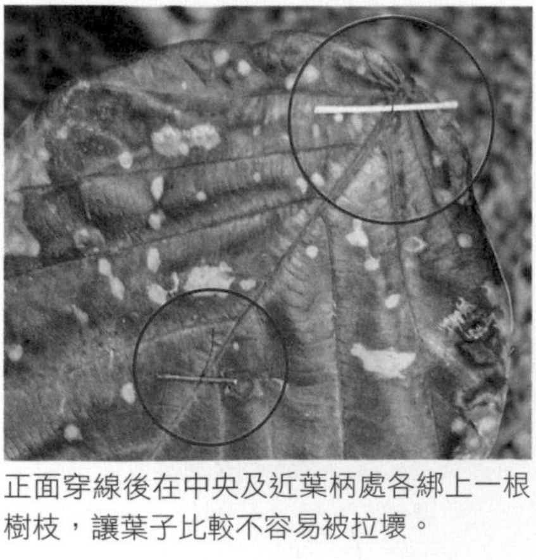

正面穿線後在中央及近葉柄處各綁上一根樹枝，讓葉子比較不容易被拉壞。

把背面的葉脈削薄一點，加上一條線後，中間再加上一條拉的風箏線。

秋

起飛吧
葉子風箏！

腎蕨手環

長長的腎蕨從底部到尖端的寬度差異並不大，很適合用來製作簡單的裝飾，手上的一枝腎蕨再加上一點巧思、一點想像，可以變成什麼呢？頭冠、手環、腰帶等等，一起來發揮創意吧！

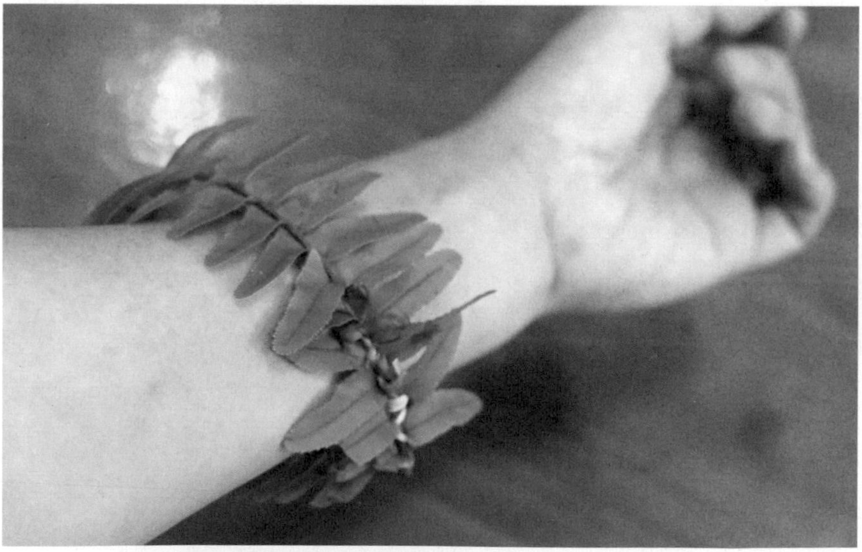

正面穿線後在中央及近葉柄處各綁上一根樹枝，讓葉子比較不容易被拉壞。

Playing Ideas 64

與花草樹木遊玩的自然遊戲

咸豐草（鬼針草）子彈

咸豐草（鬼針草）經常在路邊長成滿滿一片，不時會看到紋白蝶在上面翩翩飛舞，這時不妨仔細尋找花叢間，會發現宛如小鳳梨的種子寶寶。摘下一堆放在手上，往衣服上一丟。

哇！它變成有趣的咸豐草子彈了，蒐集越多越好，跟孩子比看看誰射得最準吧！

這就是
大花咸豐草喔！

哎呀！怎麼被射到
這麼多！

酢漿草拔河

路邊隨處可見的酢漿草連莖一起拔起來，用水沖洗過後，咬咬它末端靠近根部的地方看看，有沒有一種酸酸甜甜的感覺呢？在野外口渴時，咬一咬就可以有一點點解渴的效果。而將酢醬草從根部折斷，往上一拉，就會變成一條細細的線連接著葉子，接下來只要兩人以上讓葉子纏繞在一起，用力一拉，看看誰先被拉斷，被拉斷的人就再找一條更強壯的酢漿草繼續遊戲吧！

1

這就是酢醬草，在台灣隨處都可以看到哦！

2

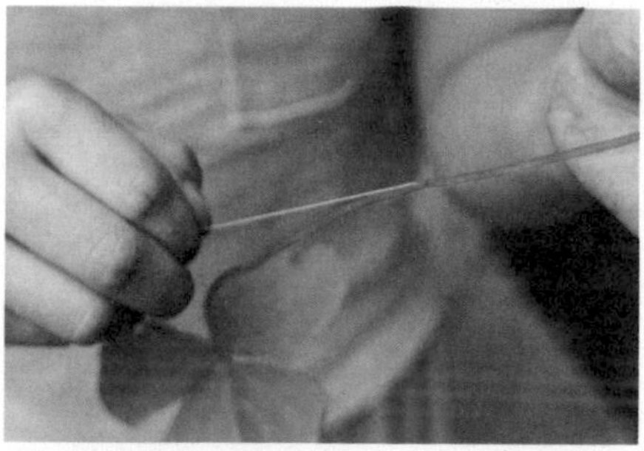

把底部折斷，往下拉就會出現細細的線了，小心不要拉斷。

3

兩個人都拉到剩下細細的線時，就可以讓它們勾在一起，誰被拉斷就輸了。

Playing Ideas 66

與花草樹木遊玩的自然遊戲

飛翔的直升機

直升機可以在空中旋轉，盤旋，很多植物的種子也能夠在天空中飛翔喔！像是青楓、桃花心木的種子。它們長得很像是拖著長長小翅膀的隕石，只要輕輕往天上一拋，就會變成直升機從天空緩緩降下來，一起來讓很多小小直升機在空中飛翔吧！

槭樹的果實，是小小直升機。

桃花心木的果實，就是好大的直升機。

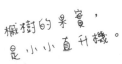

芒花雪

秋天，一片白茫茫的芒花美得像是一幅畫，隨著秋天的陽光、風，飄盪盛開著。芒花對孩子來說可以有好多種玩法，只要注意別被銳利的葉緣割到，把底下的葉子一抽，芒花往上一拉，一整支美麗的芒花就在我們手上了。

拿著芒花輕輕地抖動，細小花穗在空中飛舞的樣子就如同下雪一樣美麗！

拿一把芒花一起揮灑，
更好玩！

秋

芒花飛到頭頂，
好像一隻隻美麗的
小蜻蜓。

玩完的芒花，
一眨眼又可以變成小掃把。

橡實打彈珠

秋天是橡實掉落滿地的時候，是電影《冰原歷險記》當中松鼠的橡果子，也是《龍貓》裡小龍貓掉下的橡果子，其實台灣也有不少種類的橡果子呢！它們都屬於殼斗科植物，有小小的青剛櫟、大顆的大葉石櫟、栓皮櫟、火燒柯等等，各種不同的橡實就算只是放著什麼都不作，蒐集起來也可愛的讓人愛不釋手。不過山林裡的殼斗科，是野生動物很重要的食物來源，如果遇到熟落的橡實，可以和孩子在現場玩完，再把自然物還給大地就好！

玩法 1
橡實撞球

把一堆橡實聚集起來，然後每個人選一顆在手上，接下來輪流把手上的橡實用力彈到前面那一堆裡，看誰的力氣最大、彈出去最多的就贏了。

秋

玩法 2
橡實打靶

用石頭在水泥地上畫出一個同心圓，最裡面是 100 分，往外逐漸遞減。選手們手上拿著橡實，輪流彈手上的橡實，看誰最後總結最高分就贏了。玩的時候也可以把別人的橡實彈開，但是千萬要小心，不要把別人的橡實彈到 100 分裡面，不然就吃虧了！

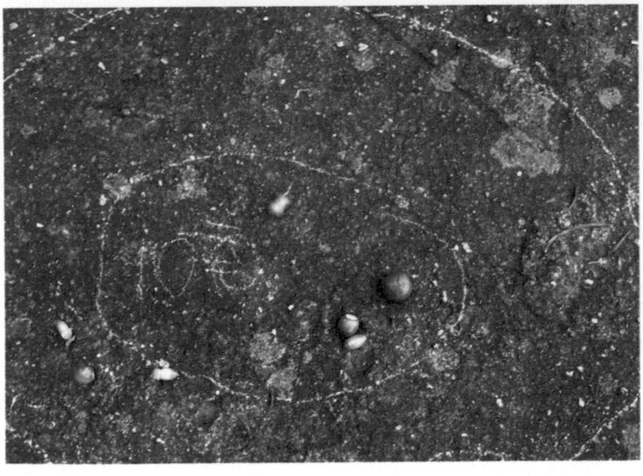

100 分兩個
50 分兩個
哇！誰贏了呢！

鳥柿彈珠

樹枝上掛著什麼呢？

啊！是小小的鳥柿，因為太小了，味道又不好，只有鳥會吃。掉在地上的鳥柿像不像一顆顆的小彈珠呢？如果生活環境週邊沒有鳥柿，一些秋天的小果子也可以拿來玩喔！

小小孩只要可以亂丟鳥柿就可以玩很久了，他們對於自己的力氣會更有信心「原來我可以作到這麼多事情！」

Playing Ideas 70

與花草樹木遊玩的自然遊戲

彈弓

簡單的彈弓就能讓孩子玩上許久，同時練習手的力氣、瞄準的技巧，孩子是否能瞄準目標物並非重點，而是過程中持有的專注與努力嘗試的心性培養。找一根 Y 字形的樹枝，一條鬆緊帶、橡皮筋或任何有彈性的繩子皆可，而子彈可以是龍眼籽、野果、紙片、小石頭，遊戲過後也可以跟孩子作一場實驗，記錄下不同繩子與子彈所產生的不同發射效果。

綁上橡皮筋，準備刺刺果當作子彈。

準備要發射囉！

對著沒有人的地方發射吧！

寶寶音樂鈴

挑選喜歡的自然物，以繩子綁緊、串連後懸掛在樹枝上，調整位置讓樹枝達到重量平衡，也讓孩子認識天平的概念，就算家裡沒有寶寶，擺放在家裡也會成為一個美麗的吊飾。

只有麻繩是人造加工物，是最天然又獨一無二的掛飾。

Playing Ideas 72

與花草樹木遊玩的自然遊戲

吹吹拔河

吹吹拔河，一節剖開的竹子作水道，平放裝水後分別在兩端各放一片落葉、一個瓶蓋或是一顆軟木塞，接著兩邊的人開始吹氣，看誰先把物品吹到對方那端，這遊戲可是需要相當的肺活量，誰的氣最長，誰就最有機會獲勝。

比誰氣最長

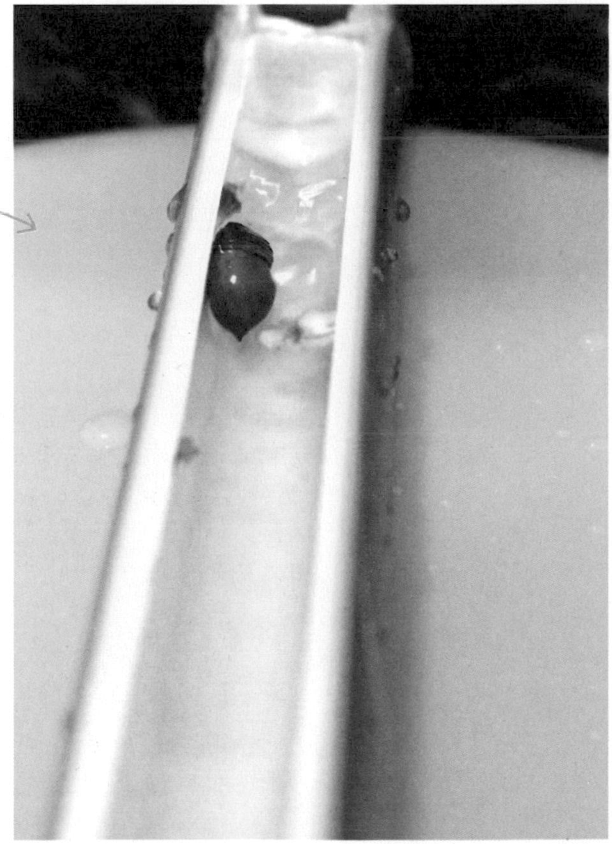

落葉暴風雪

一、兩歲的小小孩，對於丟東西可是樂此不疲啊！小小的手開始能掌控物品，對孩子來說是從呱呱墜地，到能夠掌握事物變化的重大發展，腦中也預期著物品會往上到空中再落下——孩子知道事情是這樣運作的，再用手的力量去執行與驗證，驗證後會感到成就，滿足於自己的思考是對的、手能操控物品的力量是足的，便不斷的重複著這個動作了。

但是在家裡，並不是什麼東西都能讓孩子這樣丟，清楚的告訴孩子哪些東西可以，哪些東西因為尖尖硬硬的不適合，以及什麼樣的場所適合作這件事。找一個風和日麗的日子，帶孩子到公園、到草地、到健行步道等等，抓起一把落葉，盡情的丟吧！ 不同的季節，落葉的樣貌與多寡也會不同。而必須注意的事情也要教導孩子，像是別人已掃好聚集在一起的落葉不適合丟，會讓掃地的人很辛苦，另外若該處使用除草劑這類藥物，也記得別讓孩子碰觸哦！

如果不喜歡可以先從丟花開始，讓孩子感受到樂趣與美感，再換成葉子。

Playing Ideas 74

與花草樹木遊玩的自然遊戲

小小匠人動手作

樹枝娃娃

工具：鋸子、刀片

人有胖瘦高矮，樹枝也是如此，跟孩子一起鋸下不同尺寸的樹枝，為它們削去一小塊樹皮作為臉部，接著來畫出各式各樣的表情吧！作好的樹枝娃娃可以當作擺飾、作成小鑰匙圈、放在積木裡的小人，都是很棒的創作哦！

可愛吧！

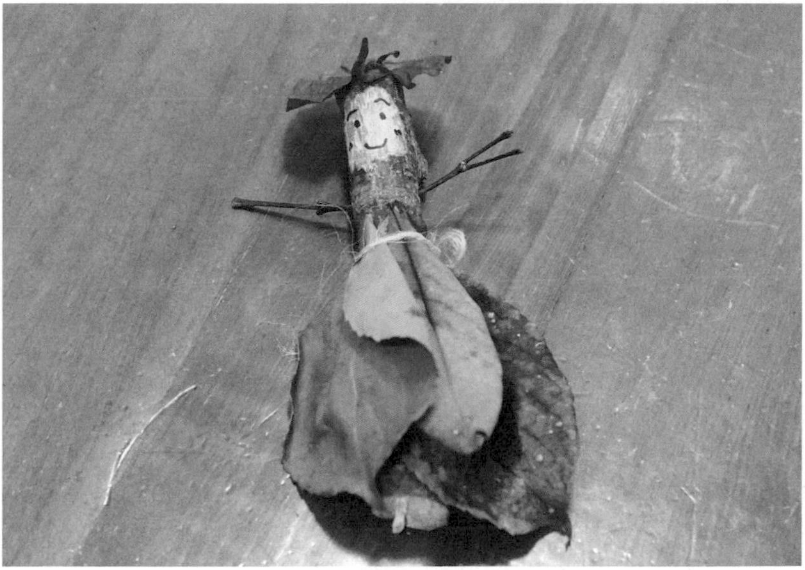

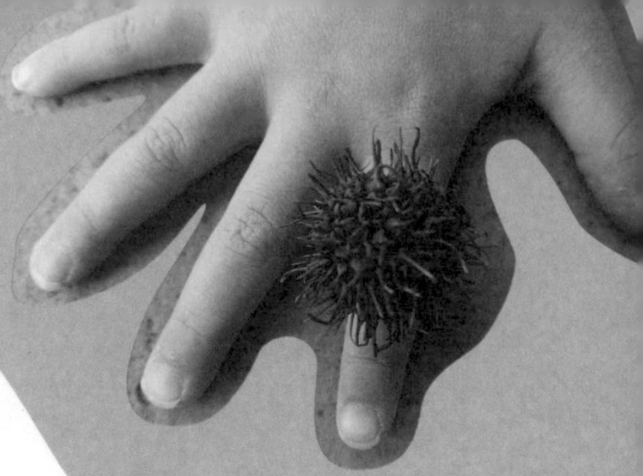

winter

ParT 5

四季的自然遊戲

冬

冬

四季之尾，新的一年即將來到。
立冬時節代表冬天已然來到，
適合吃一些溫暖的補品讓身體作好準備。
小雪、大雪時，天氣逐漸變冷，
冬至這天，黑夜早早籠罩大地，
一起吃湯圓，暖暖身體也暖暖心。
小寒、大寒，幾次冷鋒後，
迎接即將到來的新年。

穿起了厚重的衣服，
北部的冬天總是多雨，南部的冬天豔陽高照，
在這個一年的尾聲，
雨滴與冷風讓我們縮起了脖子，
少了很多遊戲的動力。

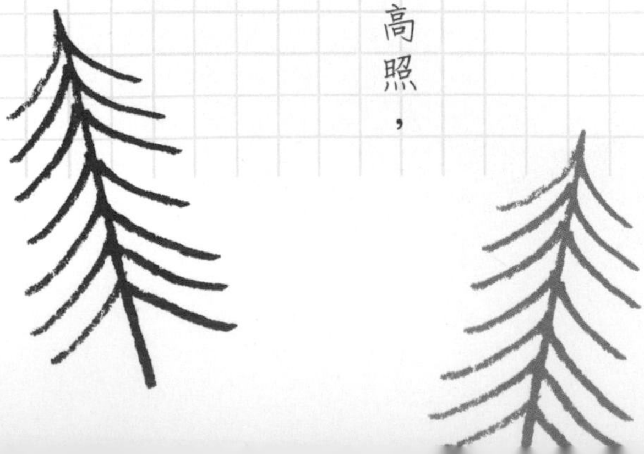

冬

雖然戶外逐漸寒冷，
但還是有些冬天可以玩的自然遊戲，
試著去發現自然留下來的訊息，
讓我們帶著孩子盡情享受這一年的尾聲吧！

冬的遊戲

台灣的冬天，在北部與南部會有截然不同的感受。順著東北季風南下的冷空氣來到迎風面的北部地區，於是開始下雨，往往好幾個禮拜見不到陽光，天氣又濕又冷；南部則是普遍為乾季，這段時間陽光充沛，即使是冷氣團來襲，對於北部小孩來說還是不太覺得冷。

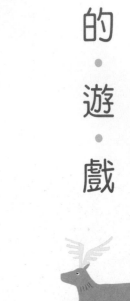

冬

在冬天，我們跟孩子會穿上厚厚的羽絨衣，身體因為衣物的束縛而變得不太靈活，想往戶外走時，寒風凜冽也會讓人卻步。因此在一年尾聲的冬天，我們試著以一些不用到戶外的自然遊戲，像是以樹枝、石頭、火為素材，配合一些由繪本引導的自然遊戲，這樣即便有些時候因為天候的因素不能出去玩，也可以在生活中進行不同的自然遊戲喔！

Playing Ideas 75

大地畫板

石頭刻畫在地上，留下石頭顏色的線條；樹枝刻劃在沙土上，留下一條條凹陷下去的路跡；整片青苔則是一幅天然刮畫，刻劃過的痕跡轉眼變成孩子獨特的畫作，大地中的畫布、自然中的畫筆，在這些不起眼的自然物上，添加一些些的想像，處處是童趣之作。

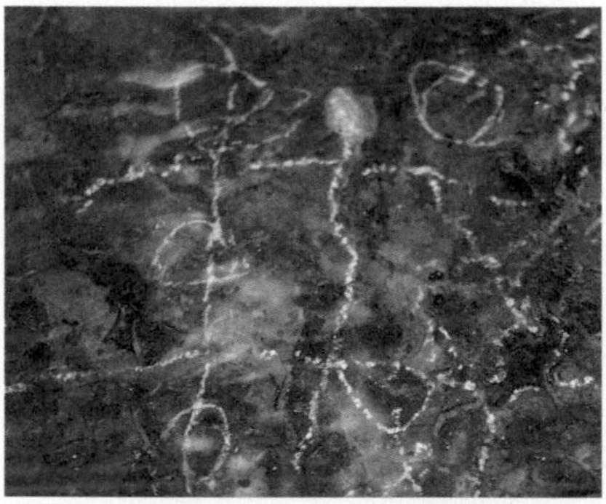
在水中玩圈圈叉叉。

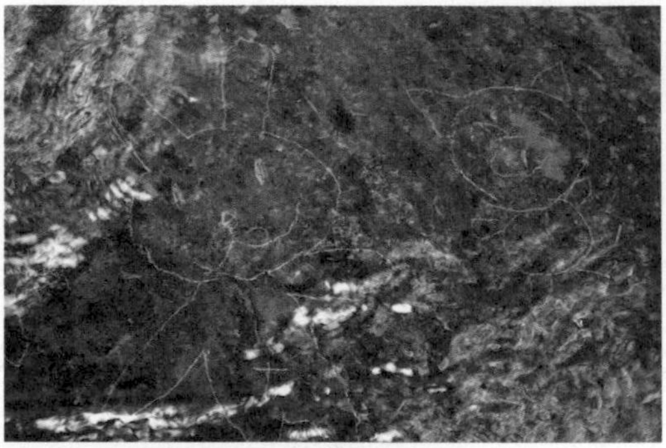
水裡的兔子跟小豬。

你也可以準備粉筆，以地面為畫布，讓孩子創作一陣大雨後就會帶走的美麗作品。

Playing Ideas 76

東塗西畫的自然美術室

石頭想像遊戲

「來哦～來哦～要不要買御飯糰，也有餅乾哦！」，原來御飯糰是三角形的石頭啊，扁扁圓圓的石頭成了餅乾，而客人們就找找可以當作錢幣的石頭吧！奇形怪狀的石頭們因著不同腦袋的想像變成各種物品，在想像中我們可以看見孩子的舊經驗，而觀察敏銳的孩子更是能找出與物品形狀類似的各種石頭哦！

找找，這裡面有哪些形狀特別的石頭呢？

這是孩子想像的石頭樣貌，你又看見了什麼不一樣的東西呢？

台灣欒樹的蒴果花圈

秋末冬初，台灣欒樹在綻放了一樹黃色的花朵後，如同小氣球的蒴果就會接著布滿樹上，由黃轉紅，一片鮮紅的樹梢讓人忍不住多看幾眼。先是玫瑰紅，最後變成咖啡色，撿起來看，裡面會有黑色的種子，不時還會發現紅色的椿象。

收集地上的美麗蒴果，用比較堅韌的草莖穿起來，就變成好看的美麗頭冠嘍！

蒴果很容易裂開或破掉，要小心翼翼地穿過，挑選自己喜歡的顏色來製作吧。

對於小小孩來說，這樣的扮演就能夠讓他們玩很久了，即使不小心玩壞了，我們只要再作一個就好。跟購買的商品比起來，自然物更可以接納小小孩的探索。

Playing Ideas 78

與花草樹木遊玩的自然遊戲

楓香果實戒指

在冬季，楓香的果實會掉得滿地都是，一顆顆刺刺的外形是不是長得很特別呢？這些果實可以拿來玩什麼呢？

楓香果從樹上掉下來後，啪的一聲讓很多的小種子掉到地上，這時候原先放種子的地方就開了一個小洞洞，只要把多餘的果實尾巴折斷，塞進小洞洞裡成為一個環，你看！變成一個特別的刺刺果實戒指了。

黑黑又圓圓！

像不像是小老鼠或小刺蝟呢？

Playing Ideas 79

石頭彩繪

隨手撿來的扁平石頭，是否可以成為美麗的畫布呢？不妨先以粉筆開始在石頭上創作吧！

因為啊！只要拍一拍，洗一洗，石頭又會變回原本的樣子。如果想要永久保存，可以利用壓克力在上面作畫，這樣顏色就不容易剝落了。

大膽地
幫石頭上色吧！

Playing Ideas 80

東塗西畫的自然美術室

木片項鍊

用鋸子，將撿到的樹枝切割成薄片，再鑽出一個洞，串上繩子就會變成項鍊。上面可以用保麗龍膠或白膠黏上裝飾，也可以用壓克力畫上圖案，成為獨一無二的美麗項鍊。

獨一無二的項鍊！

Playing Ideas 81

星星吊飾

記得之前說到的月桃莖嗎？月桃敲打後便可以取得強韌的繩子，只要稍作綑綁固定，便可以讓隨手撿來的樹枝變成美麗的吊飾。看看，一點都不難吧！聖誕節時就變成簡單的自然裝飾了，想想之前的素材，是不是也可以在上面掛些什麼呢？

樹枝組成了星星！

Playing Ideas 82

與花草樹木遊玩的自然遊戲

薏苡項鍊

薏苡的植株外型有點像芒草，也有點像是玉米。在台灣的野外仔細找找，也許就可以發現它的蹤跡。它的種子就是我們所謂的薏仁。薏苡外殼還在時，有著美麗的紫色外衣，在成熟的時期，一抓就可以抓起一大把，將中間的實挑出來後，就可以串成美麗的手環、項鍊。

1

成熟的薏苡。

2

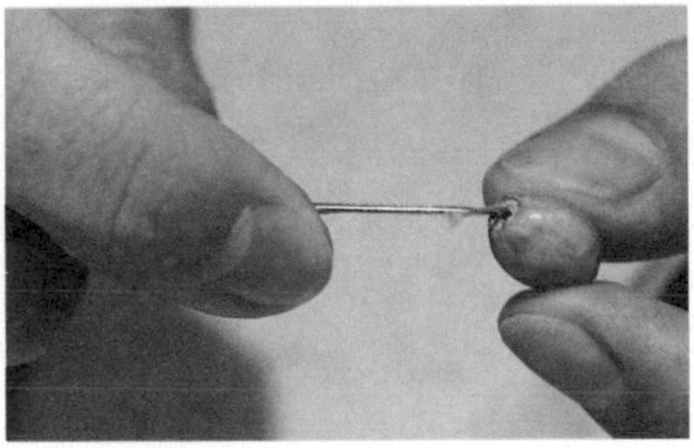

把蒐集到的薏苡中心挑起來。

3

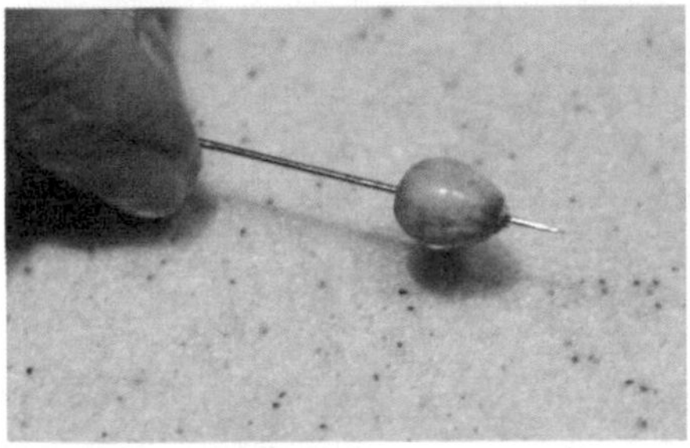

用線串成一個美麗的項鍊。」

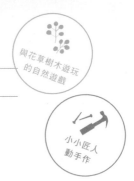

木頭積木

孩子對於積木的概念，也許都停在固定的方塊、圓形或是橢圓形。但其實野外的樹枝也都可以變成積木，孩子們可以練習堆疊、擺放，以積木的概念變出獨一無二的美麗造型喔！

小山上的小馬。

幫小馬蓋一間小房子。

TIPS

如果想讓找到的木頭保存久一點，可以剝下樹皮，放在乾燥的地方陰乾。

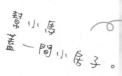

葉子門簾

四季都可以撿拾到很多不同的落葉，這些落葉只要曬乾之後，就可以帶著孩子把它們串連綁起，再配合松果、種子等重物……看！變成美麗的門簾了。

「綁」對於幼兒來說會比較困難，一開始可以先用繩子纏繞松果，讓幼兒練習繞的技巧，接下來慢慢從比較大片的葉子讓孩子練習綁，再逐漸縮小。除了綁之外，也可以試著用針線穿過葉子，連著穿入好多片葉子就變成一長串啦！對幼兒而言，既好玩又可以創造出美麗的作品，更可以在過程中累積精細動作的經驗。

變成美麗的窗簾

自然遊戲好朋友——火

冬天小小一堆的火，就能帶給我們滿滿的溫暖。對於孩子來說，火顯得危險很多，大多時候大人會禁止孩子們玩火、靠近火。但是，一昧禁止反而會讓孩子對火產生好奇，然而在不知道如何安全使用的情況下，好奇就會帶來很多危險。因此，不如試著在我們的陪伴下，蒐集乾樹葉、枯木，帶著孩子們升起一堆小小的火，玩一玩火的遊戲吧！

Playing Ideas 85

親子攜手大探索

爆竹

為什麼鞭炮又叫作爆竹呢？只要把頭尾都有節的竹子丟入火中，燒烤到一定溫度時，就會發出「砰！」的一聲巨響，原來年獸故事裡面說得是真的，竹子真的會爆炸呢！

TIPS

爆竹本身雖然沒有太大的危險性，但是爆炸的聲音可是會嚇人一跳的，所以嘗試時記得先告知孩子可能會有的巨響，並且仔細評估周圍環境是否安全。

炭筆

用錫箔紙把樹枝一端包起來，或是直接將木頭丟進火堆中，等火熄了之後挑出來，冷卻之後就可以在地上畫出美麗的圖案了！或者，用烤肉的碳也同樣可以拿來畫圖。

1

生火剩下的焦黑木頭，耐心等到冷卻之後。

冬

2

挑出焦黑的木頭，像不像一支筆呢？

哇！真的可以
在地上畫畫耶！

3

自然遊戲好朋友——繪本

由繪本延伸出來的自然遊戲，經常也是語文經驗的發展與練習，孩子將潛在的聽故事經驗，轉化成自己的動作與口語表達出來，故事不是只展現在書本上，生活中隨處可以是故事。對一些孩子來說，「說故事」甚至是大人才會作的事情，有了從遊戲中改編故事的經驗，孩子也會經歷到原來說故事沒有那麼難，孩子用自己的方式說故事也能有很精采有趣的展現。

Playing Ideas 87

我是故事主人翁

《派弟是個大披薩》

威廉．史塔克 著／維京出版社

一點點的想像，加上一些自然物，揉進一些甜蜜蜜的親子關係，就是簡單又好玩的共讀遊戲。邀請孩子像派弟一樣，假裝自己是一塊麵團，揉一揉、捏一捏、按一按、拋起來甩一甩，再用假裝是擀麵棍的樹枝擀一擀麵皮，撒上假裝是胡椒的碎葉子，假裝是火腿的花瓣，假裝是番茄的小石頭，最後撒上一些長長的草。孩子會說那是什麼呢？會是披薩不可或缺的起司絲嗎？

最後，一起曬曬太陽，假裝是送進烤箱，披薩出爐後，要把披薩切塊時，披薩可能會像繪本裡面說的一樣，哈哈大笑的跑掉哦！

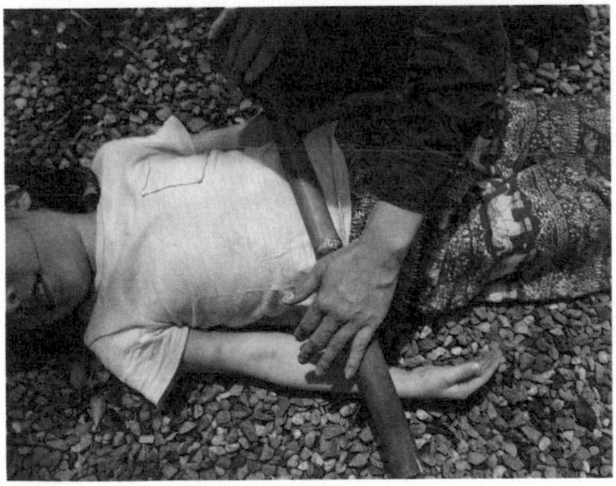

用擀麵棍耐心把披薩桿平。

進烤箱囉！

加上好吃的配料就可以送進烤箱烤一烤啦！

Playing Ideas 88

我是故事主人翁

《從頭動到腳》

艾瑞卡爾 著／上誼文化

艾瑞卡爾的繪本總是帶給孩子好多不同的想像，「我是野牛，我會聳肩，你會嗎？」這是繪本中不斷重複的語句，孩子會模仿不同動物的動作。在戶外，跟孩子一起找找各種奇形怪狀的自然物，例如大樹的板根、榕樹的氣根、鳥巢蕨的長長葉子、長了樹瘤的大樹，垂吊著豆莢的羊蹄甲等，想像著身為自然物的它們會說什麼呢？「我是藤蔓，我會捲在大樹身上爬呀爬，你會嗎？」，運用肢體進行模仿，學著學著，會發現自然物的動作充滿了柔軟與神奇呢！

想想，狗尾巴草會怎麼動呢？爸爸媽媽能否變成風，讓孩子隨著你的流動到處東倒西歪呢？

羊蹄甲的豆莢是如何吊在身上的呢？如果碰到下雨，它們又會怎麼動呢？

Playing Ideas 89

我是故事主人翁

《猜猜我在比什麼》

吉竹申介 著／三采文化

你家孩子是不是也像繪本裡的主角一樣，一天到晚要你猜猜他在作什麼呢？這本繪本可以玩的自然遊戲與從頭動到腳很類似，一樣可以訓練孩子在野外的觀察能力。可以從大人先開始隨意地模仿視線中的一樣東西，讓孩子猜猜自己在比什麼？這樣除了訓練孩子更加細微地去觀察周圍的事物，也能夠刺激他們的想像力。

一起動動看 & 猜猜看

「看的出來我在模仿什麼嗎？」
「是蝸牛嗎？是涼亭嗎？還是毛毛蟲呢？」

「那這個你就猜的到了吧！」

《不是箱子》

安東尼特·波第斯 著／阿布拉出版

「你為什麼要噴箱子？」、「這不是箱子！」在繪本中，兔子其實是在當消防隊員啦！那麼如果跟孩子一同在戶外，可以怎麼玩這本繪本呢？創作一本屬於自己的「不是石頭」吧！

接著問問孩子「我為什麼要拋石頭？」，孩子會有什麼想像呢？

「這不是石頭！這是兵乓球。」

「我為什麼要疊石頭？」、「這不是石頭！這是樂高」，大人的想像與孩子的想像會有許多的不同，如果是「不是樹枝」、「不是葉子」，又會有什麼樣有趣的想像出現呢？

「這不是葉子，是大雨傘。」

冬

「你看，真的是大雨傘吧！」

結語——四季的探索

看完四季的遊戲之後，別忘了親自帶著孩子回到山裡、回到海邊，回到我們生活的世界。

不要只是把這本書講述的內容當成教科書，或是按照四季的分類，照本宣科的去尋找素材。每個地方總是擁有自己的特色，每片山林也都會有自己獨特的物種，放輕鬆跟著孩子們一起遊戲、一起探索，一起用眼睛、雙手、雙腳去感受眼前的環境，去實驗看到的素材。也許只是一片樹葉，也許只是一段樹枝，甚至是一堆石頭，都可以成為遊戲的來源。

想想，為了脫離坊間的遊戲而讓孩子走入山林，不正是我們希望帶給孩子的新鮮體驗嗎？如果還是按圖索驥去尋找素材、進行遊戲，忘了看看眼前孩子的感受、不去觀察孩子真正有興趣的是什麼？真正感到好奇的是什麼？真正讓他佇足的是什麼？那不就本末倒置了。也許，當我們因為找不到可以使用的素材在旁嘆氣，孩子卻因為身旁的野花感到驚喜，正在想像著一個美麗的遊戲世界。

所以，不如放寬心胸去看看眼前是什麼吸引孩子，孩子對什麼感興趣。在孩子心中，重要的不單單只是玩了什麼樣的玩具，而是跟家人一起遊戲的回憶、一起想想有什麼遊戲可以玩、一起發現生活中的小事物、一些小小的有趣比賽，或是發現一朵美麗的花，看到一隻美麗的鳥，這些回憶會深深留在孩子心裡，成為屬於他一輩子的禮物。

對於在野外發現的葉子、種子、蟲魚鳥獸、一顆特別石頭，我們可以帶著孩子用APP或是上網找資料的方式，試著去辨認眼前的東西。如果可以，帶著孩子用自己的方法作紀錄，像是拍照、畫圖、些微樣本的方式。回到家後，再將一整天的紀錄變得更完整，將今天的戶外探索，作成專屬的觀察紀錄本。

至於記錄的方法，可以包含以下幾點：活體以拍照的方式作紀錄，葉子、種子等，可以取少量貼在本子上。

發現的時間（年／月／日）
發現的地點
物種名稱
詳細的物種分類（界門綱目科屬種）
特徵／特色
其他紀錄

無論是觀察紀錄本或蒐藏冊，都可以加上地圖，讓孩子記下去過的地方，作出更詳細的紀錄。

越是詳盡的紀錄，越可以讓原先普通的蒐藏物變成具有科學精神、自主學習的成果，在這個公民科學家盛行的時代，也許孩子的一個發現，都能夠成為對於環境有意義的資料。除了物品標本，更是將這段時間的回憶記錄其中，讓遊戲的效果能夠持續延伸。孩子從中練習的繪畫、紀錄、排版等，每一段的付出都會留下成果。

最後，離開自然環境前，別忘了將一切復原，收拾我們自己製造出來的垃圾，也順便帶走別人亂丟的垃圾，千萬別忘了把翻動過的樹幹、石頭等恢復原來的樣子。此外，請不要帶著孩子從自然中帶走生命，不管是小蟲、小動物，因為失去了原本的家，牠很難好好活下來，牠們也少了繁衍後代的機會。

葉子、種子等紀錄的取樣，或是在遊戲與創作中的素材，在摘取前可以先跟孩子討論看看，這個植物長得快嗎？數量多嗎？是野生的還是有人種的呢？以此來評估是不是可以摘下這個植物或果實。用作紀錄的話也請只拿取一到兩個，因為這些對我們而言只是紀錄或裝飾，但這都是野外動物的食物，是小昆蟲的棲息地，拿走了，牠們就少了日常生活的資源，不妨多鼓勵孩子利用拍照、畫圖的方式來取代將東西帶走。

對孩子來說，在自然中探索是有趣的，他們自然會想要把東西帶回家，想要把這樣有趣的經驗繼續保留下去。但這也正是可以進行生命教育的絕佳時刻，帶著孩子學習保護環境、尊重生命，希望陪伴孩子學會——不只有自己的快樂，也能更懂得設身處地的為他人著想，進而養成更有愛的內心。

期盼每一位孩子都能夠在腳踏土地時得到滋養，得到平靜，也得到不一樣的眼界，然後一起愛著自然，學會在自然中好好的生活、好好的遊戲。

國家圖書館出版品預行編目資料

邊玩邊學的親子自然遊樂園：動動腦.動動手與孩子一起親近自然的遊戲提案書/趙啟傑, 陳宣蓉著. -- 初版. -- 新北市：雅書堂文化事業有限公司, 2022.05
面；　公分. -- (成長樂教；2)
ISBN 978-986-302-617-4(平裝)

1.CST: 親子遊戲 2.CST: 兒童遊戲 3.CST: 親職教育

428.82　　111000768

成長樂教 02

邊玩邊學的親子自然遊樂園

動動腦・動動手與孩子一起親近自然的遊戲提案書

作　　者／趙啟傑・陳宣蓉
發 行 人／詹慶和
責任編輯／蔡毓玲
編　　輯／劉蕙寧・黃璟安・陳姿伶
執行美術／周盈汝
美術編輯／陳麗娜・韓欣恬
出 版 者／雅書堂文化事業有限公司
郵政劃撥帳號／18225950
戶　　名／雅書堂文化事業有限公司
地　　址／新北市板橋區板新路206號3樓
電子信箱／elegant.books@msa.hinet.net
電　　話／(02)8952-4078
傳　　真／(02)8952-4084

2022年05月初版一刷　定價380元

總經銷／易可數位行銷股份有限公司
地址／新北市新店區寶橋路235巷6弄3號5樓
電話／(02)8911-0825　傳真／(02)8911-0801